当代城市设计理论与实践丛书

卢济威　金广君　主编

上海静安寺地区城市设计实施与评价

黄　芳　著

东南大学出版社

·南京·

内 容 提 要

上海静安寺地区的城市设计实践,是一个研究城市设计实施效果的非常好的"标本"。

本书以上海静安寺地区城市设计为研究对象,对其15年的实施过程进行了深入调查研究与分析:首先,以描述的方式交代15年间城市设计所发生的复杂而有趣的事件,对核心地块城市设计管理操作过程进行了客观展示和呈现;其次,通过这些事件以及实地调查访谈,将城市设计原型与实施结果进行比照,总结城市设计在经过一定时期的实施后哪些方面得到了实施、哪些没有得到实施、为什么没有实施,并对其设计结果和管理实践过程作出评价;最后从社会结构性因素和城市设计实践主体两方面对城市设计的实施效果作成因解释。

本书可供城市规划管理、城市建设等的工作人员使用,亦可供从事城市规划、城市设计、建筑设计和有关高等院校的师生阅读和参考。

图书在版编目(CIP)数据

上海静安寺地区城市设计实施与评价 / 黄芳著. —南京 : 东南大学出版社,2013.7

(当代城市设计理论与实践丛书 / 卢济威,金广君主编)

ISBN 978 - 7 - 5641 - 4249 - 0

Ⅰ.①上… Ⅱ.①黄… Ⅲ.①城市规划—设计—研究—静安区 Ⅳ.①TU984.251.3

中国版本图书馆 CIP 数据核字(2013)第 102298 号

出版发行:东南大学出版社
社　　址:南京市四牌楼 2 号　邮　　编:210096
出 版 人:江建中
责任编辑:杨　凡
网　　址:http://www.seupress.com
经　　销:全国各地新华书店
印　　刷:南京玉河印刷厂
开　　本:787mm×1092mm　1/16
印　　张:12
字　　数:278 千
版　　次:2013 年 7 月第 1 版
印　　次:2013 年 7 月第 1 次印刷
书　　号:ISBN 978 - 7 - 5641 - 4249 - 0
定　　价:39.00 元

本社图书若有印装质量问题,请直接与营销部联系,电话:025 - 83791830。

总　序

城市设计是根据城市经济、政治、社会、文化、生态、技术和美学等发展的需要而建构城市形态与空间环境的设计。城市设计主要对城市的物质要素及其形成的空间进行三维形态整合，创造环境宜人、活力盎然、特色鲜明和社会公正的城市环境。城市设计是创造活动，强调追求个性与遵循共性结合、自下而上与自上而下研究结合。

我国自改革开放以来，城市建设高速发展，为提高城市环境质量，城市设计愈来愈得到各方面的重视，正在蓬勃发展。20 世纪 80 年代开始引进西方的现代城市设计理论；90 年代是城市设计实践发展期，出现了大量的国际与国内设计师在我国的实践；进入 21 世纪，开始我国的城市设计总结提高时期，在总结设计实践经验的同时，探索中国城市设计的理论、运作和管理体系。

城市设计是城市规划与工程设计的桥梁，目前我国的城市设计纳入城市规划体系，作为城市规划的补充已成为人们的共识。但现代城市设计作为独立的学科早在 20 世纪 60 年代就开始形成，它具有自己的研究对象、领域和知识体系。城市设计是一项实践性极强的学科，每个国家的城市设计都会与自己的城市建设实践密切结合，推进其理论的发展。城市设计的研究对象是城市形态，其理论也必然围绕城市形态展开，包括理想的城市和城市形态、影响城市形态形成的内在因素、城市形态形成的机制与方法、城市形态的发展趋势等。

研究城市发展的内在因素与城市形态（三维）的关系，是城市设计理论的重要基础，应首先受到重视。城市发展的内在因素包括城市经济、城市政治、城市社会行为、城市文化、城市生态、城市发展技术和城市美学等，它们都是城市形态形成与变化的深层原因，例如政治因素，权力至上理念与和谐社会理念在市政中心区设计中必然表现出不同的城市形态。城市形态由多种因素综合作用而形成，发展因素与形态关系的研究有利于不同的城市设计的形态思考，更符合城市发展的规律，避免设计仅以美学因素作为原则的误区，也有利于克服设计中由于内因与外显形态关系的知识缺乏，造成"理论一大套，形态老一套"的弊病。

其次，城市设计的方法也是城市设计研究的重要组成部分。设计方法包括创作方法和运作方法两方面。作为独立的学科必然有自己的特殊方法，特别是创作方法，它既不同于城市规划设计方法，也区别于建筑设计与景观设计的方法。城市设计方法体系的形成，有利于当前从事设计的规划师和建筑师们跳出自己的知识背景和习惯的专业方法。

再次,需要研究新时代城市形态的发展趋势以及趋势的表现和对城市构成的影响。城市的紧凑化、立体化、有机化、绿色化和枢纽化等,都是当代的发展趋势,它们自觉或不自觉地影响着城市的特征。城市交通发展中的 TOD(以公共交通为导向的开发模式)理念将改变城市的形态结构,城市地下空间的发展也是新世纪的趋势,它将把城市公共空间引入地下,促进多层化城市活动基面的形成,从而一定程度地改变传统城市设计的领域和方法。城市形态发展趋势有利于促进城市的不断前进,避免设计中墨守成规、盲目照搬所谓的"历史模式"。

最后,还需研究城市设计的本土化,探索建设中国特色的城市设计体系。我国城市设计发展的背景有其特殊性,表现在:①土地国有制,为设计提供了相对私有制较多的权力,能集中、高效、合理地组织城市空间环境;②我国当前正处于城市化过程与旧城更新过程同时发生、同时推进城市设计的发展阶段,不同于西方现代城市设计的发展处在已完成城市化进程的历史阶段;③政府主导强有力地推进了城市设计运作,更有利于城市设计的实施。本土化研究既反映在制度、体系方面,也表现在设计创作方面,深入的探索必然会促使城市的特色化发展。

本丛书希望能为当代城市设计的理论研究添砖加瓦,同时考虑到城市设计学科的实践性特性,只有理论与实践互相促进、互相补充才能更好地发展,所以丛书也将实践创新作为主要的组成部分,愿推进城市设计优秀作品的不断涌现。

卢济威

前　言

　　城市设计是当代中国城市研究和实践的关键词之一。当代城市设计学科的缘起和发展，在很大程度上是源于对现代主义城市规划的反思，尤其是其对城市生活多样性和整体性肢解的批判。对于当代中国而言，经过近二三十年来的快速城市化过程，城市建设正从一味追求规模和速度，逐步转向质量、规模和速度均衡发展。在此过程中，城市设计被认为是塑造城市特色、激发空间活力和建构优美景观的有效手段而日益受到重视。然而，城市设计从策划、设计到实施的全过程需要较长的时间。在此过程中，伴随着各种边界条件的不断变化，城市设计最初的目标有的被实现，有的被扭曲，有的甚至被抛弃。如果有这样一个案例，能够让研究者在一个足够长的时间跨度上来检视城市设计伴随城市发展的过程中，各种因素是如何交混、对立、博弈、妥协的，对于客观认识城市设计的作用及其发挥作用的方式是非常有价值的。

　　上海市静安寺地区的城市发展和城市设计实践，是一个研究城市设计实施效果的非常好的"标本"。该区域的城市设计是同济大学建筑与城市规划学院卢济威教授主持的一项重要的城市设计研究项目，从 20 世纪 90 年代中期开始，卢济威教授及其团队参与和见证了静安寺地区十余年的发展历程。黄芳的硕士学位论文《静安寺地区城市设计实施过程及实施效果研究》，正是以上海静安寺地区城市设计为研究对象，通过对该地区十余年发展历程的梳理以及同大量的设计师、开发商、市民、企业家的交流、访谈，努力抽丝剥茧，探求纷繁芜杂的城市发展现象背后多因素之间千丝万缕的关系，是一项非常有意义的研究成果。

同济大学建筑与城市规划学院

王一

2012 年 12 月 31 日

目 录

1

1 绪 论

1.1 研究背景

城市设计理论自 20 世纪 80 年代引入中国以来获得了极大的发展。为了营造良好城市形象、创造地区特色、协调地区内各项开发建设的关系,各级政府开展了大量的城市设计咨询,城市设计因此而获得大量实践机会并在经济较发达的大中型城市取得了先行的初步成效。如:上海陆家嘴地区城市设计、上海静安寺地区城市设计、深圳中心区 22、23-1 街坊城市设计等。近年来,城市设计作为地区营造和提升城市竞争力的重要手段而得到了更为普遍的运用,甚至成为城市进入大规模实质性开发之前的必要内容和阶段。城市设计的重要性得到广泛的认同,呈现蓬勃发展的势头。

但同时我们也看到,许多获得专业人士、政府等多方赞誉的城市设计,其实施结果与原来的设计相差甚远,也没有真正达到"改善城市环境、提高人民生活环境质量"的理想。我们不禁要反思,进入建设阶段的城市设计为何得不到良好的执行? 城市设计究竟以何种方式作用于城市建设? 城市设计究竟对城市空间形态的塑造起到多大作用? 法律地位缺失的城市设计形态化的内容如何转变为开发控制的内容? 这些问题不得到解决,城市设计想要达到的目的便难以实现。

1.2 研究对象与研究范围

1.2.1 研究对象的选定

本书的研究对象是 1996 年编制完成的上海静安寺地区城市设计。

上海是改革开放后中国城市发展的典范。1990 年代以来,上海城市建设进入飞速发展时期,城市设计实践在一些地区的空间形态塑造中扮演了重要角色。上海静安寺地区城市设计就是当时旧城区发展改造的一个典型案例。选其作为研究对象有以下几方面的原因:

1) 上海市静安寺地区是上海的老城市中心之一,由于在城市中的地位独特,所涉及的内容广泛且相对比较完整,其基本的内容和方法与当今实践中的城市设计的基本框架相一致,并对此后的城市设计也具有较强的示范作用。

2) 静安寺地区的城市设计是由静安区政府组织编制,由上海同济城市规划设计研究院于 1996 年 2 月完成,在 2008 年静安区控制性详细规划编制完成之前的 12 年间,该成果一直是静安区政府在该地区发展和建设中的重要工作文件,也是静安区城市规划主管部门在项目审批中的重要操作依据,因此城市设计的成果得到比较充分的运用,在建设项目的选址、设计条件的确定、建设方案的协调与审批中都将城市设计成果作为重要的依据,从而为研究城市设计的实施以及对实施成效进行分析提供了重要基础。

3) 为了从各方面协调推进项目进展,静安区组织了专门的地区综合开发办公室,该办公室在城市设计的实际操作过程中起到重要作用,这对以后的城市设计实践具有借鉴价值。

4) 中国大部分城市设计以文本编制结束作为工作完成的标志,而静安寺地区城市设计的总设计师卢济威教授在文本编制完成后的十余年间,一直跟踪项目进展并与管理者一起协调实践过程中遇到的各种矛盾,在维护城市设计的专业核心价值上作出了超出平常的努力和贡献,这也成为影响项目实施效果的一个关键因素。

5) 静安寺地区城市设计于 1996 年编制完成;2002 年静安寺地区开发项目投资主体即全部确定,建设框架也已全部拟定;2011 年初静安寺交通枢纽项目和 1788 国际中心项目的结构封顶,标志着静安寺地区城市形态已基本树立;2013 年初,该地区的建设全部结束,地区的空间景观环境特征得到了完整显示,这对于比较城市设计内容和具体的实施结果、研究城市设计的实施效用提供了充分的条件。

"以史为鉴,可以知兴替",对静安寺地区城市设计 15 年的实施过程进行阶段性总结和评价,将为今后的城市设计实践提供大量的信息和反馈,同时为政府管理操作提供方法借鉴。

1.2.2 研究范围的界定

需要明确的两点:

一、城市设计分为整体城市设计和局部城市设计两种类型,本书的研究对象静安寺地区城市设计属于局部城市设计,也称为导控型城市设计[①]。因此本研究结论是针对此种类型城市设计得出,而非所有类型的城市设计。

二、本书的研究重点并不在于静安寺地区城市设计的执行结果,也没有试图确定城市设计的实施评价标准,而在于通过对城市设计实践过程的深入实证研究,将实践环境与实践主体行为作为研究对象,通过对哪些内容实施了哪些没有以及多大程度得到了实施、影响实施结果的因素的总结,辨明城市设计实践的作用机制。因此本书所作的评价

---

① 李少云.探索务实的城市设计运作体系.2006 中国城市规划年会论文集:城市设计与城市文化

表格不是为了提供精确的数据(城市设计实施结果的不可度量性也从本质上排除了量化结果的可靠性),而是为后面分析实效成因提供事实基础。

1.3 研究目的与意义

我们还没有翻阅档案、历史书籍和回归地图之前,它是不会告诉我们实情的——只有当我们把所有这些依据,其中包括一些相互矛盾的资料放在一起的时候,我们才能对某个城市的中心区为什么会呈现出现在的样子作出解释。

——斯皮罗·科斯托夫《城市的形成》

静安寺城市设计从编制完成到建设完成的这 15 年,也是上海城市建设大发展的 15 年。这些年间,上海的城市发展产生了许多变化,它包含了各种层面——经济、社会、法规、城市总体发展战略、政府管理模式等。例如上海中心城区限制容积率的"双增双减"政策的提出、上海城市建设管理模式的改变、地铁线路的增加、对历史建筑保护力度的加强、2010 年上海世博会的举办等。这些变化都对静安寺地区的建设开发产生了影响,它们同城市设计一起决定了整个地区的城市形态。

本研究的目的,一是通过对这些内容以及城市设计管理操作过程的客观展示和呈现,为广大设计工作者及政府管理者提供一个鲜活的样本;二是考察城市设计在经过一定时期的实施后哪些方面得到了实施、哪些没有得到实施、为什么没有实施,揭示城市设计实践的作用机制;三是对城市设计在城市建设和开发过程中能够发挥什么作用进行评价。通过以上研究,一方面可以完善城市设计的内容和确立城市设计的工作重点(城市设计应该做什么、哪些是城市设计需要控制的要素以及城市设计能够控制什么),提出城市设计开展过程中需要关注的问题;另一方面,可以为制度环境的建设提供建议,使城市设计能够真正融入城市规划体系以及城市建设管理的过程之中。

1.4 相关理论综述

本书对文献的研究主要分三部分:第一部分为城市设计实施评价研究的发展综述;第二部分是国内城市设计实施评价的相关研究;第三部分是城市设计实施效果研究的理论困境以及根据国内外城市设计评价标准所提炼的适合本书研究对象的评价方法,以此为基础完成实施评价的内容。

1.4.1 城市设计评价理论的发展综述

国外以政策分析为思想基础的城市规划实施评价研究始于 1970 年代。

早期的评价方法是结果型的评价方法。即用最后实施效果与编制成果进行对照,其对城市设计成功的定义为按照原样丝毫不变地实现。由于这种评价模式排除了实施过程的变动性因,受到了规划界质疑,他们认为规划是为获得既定目标而采取最佳战略并充分考虑实施目的和实施能力的一项社会活动,评价若要有效就必须结合对不确定性的考虑,并且将其联系于规划实施的评价过程中,这就涉及对于不确定性的事前预测和分析。于是"过程型"评价的思想打破了规划与实施成果间单一的对应联系,灵活性和适应性被注入规划的评价方法中①。

总体来说,评价方法是从最初单纯应用经济学和数理统计方法对规划内容的理性分析逐步转变到对影响和决定规划成效的城市规划实施的评价,即从侧重单一的"结果评价"向关注多元的"过程评价"的转变。

此后评价研究都从实施结果和实施过程两方面展开,研究目的是分析城市设计的编制与实施过程,使城市设计的编制和实施合理化并有可操作性,以使城市设计及其目标得以实现。其主要研究内容是人和社会(通过城市设计)改造城市环境的方法、程序、过程、效果,改造后的城市环境对人和社会的影响以及相关评价。研究中大量采用了社会学、政策、公共管理、行政决策、组织机构、介入者等方面的理论基础和研究方法。这种研究方法极大地拓展了实施评价的研究范围,也得到了广泛的认同。

1.4.2　国内城市设计实施评价的相关研究

城市设计的评价体系研究目前在我国还处于起步阶段,因此实施评价方面的专著总量较少。这从余柏春的《我国城市设计研究的现状与问题》一文中可以看到,2000—2007年在权威学术期刊发表的文章中对城市设计实施的研究只占到4.6%(见表1-1)。以下对城市设计实效研究相关成果进行总结:

表1-1　权威学术期刊2000—2007年城市设计论文研究类型构成

论文研究典型	二杂志不同研究类型论文数量			各类型研究论文数量	各类型研究论文占总论文数量的比例
	建筑学报	城市规划	城市规划学刊		
定位研究	9篇	11篇	—	20篇	13.1%
方法论	36篇	14篇	13篇	63篇	41.1%
基础理论	5篇	4篇	4篇	13篇	8.5%
实施研究	—	7篇	—	7篇	4.6%
相关研究	39篇	7篇	4篇	50篇	32.7%
总计	89篇	43篇	21篇	153篇	100%

注:摘自期刊

---

① 参见孙施文,周宇.城市规划实施评价的理论与方法.城市规划汇刊,2003(2)

吕晓蓓、伍炜在《城市规划实施评价机制初探》(2005)中通过对伦敦市规划实施监测的目标和指标样例的案例分析,建议规划师在进行规划编制时应试图将其转化为可量化的现实数据或可以观察到的现实表征,而规划实施评价中阶段实施目标的制定和评价指标的选择,可以推动规划师在编制规划时密切联系规划实施的可行性,并且深入探索和反思城市规划对城市居民现实生活的实际变化。

王世福(2001)的博士论文《论面向管理的城市设计》关注"城市设计面向规划管理的实践特征"与城市设计的可操作性,从制度性因素和技术性因素两个面向论述了"如何运用城市设计以缔造城市空间秩序"。王世福(1999)认为,城市设计的实效主要是"在具备公共权威的前提下,保障城市物质环境的空间形态中的'公共价值域'的高质量,促进城市持续、健康、协调、有序发展"。

田莉等在《城市总体规划实施评价的理论与实证研究》(2007)中,构建了"建设实施评价——政策实效评价——影响因素评价"的评价框架。该研究以实施结果评价为切入点,从政治和制度因素、规划本身因素、城市体系因素三个方面,重点剖析了影响总体规划实施的因素。周宇在《城市规划实施效果评价与策略机制研究》(2003)中,对福建省晋江市总体规划进行了实施评价。在实证研究部分,作者首先对城市规划实施状况进行了分析,重点探讨城市规划实施运作体制与过程机制,最后对城市规划实施的策略机制进行探讨。

周进(2002)的博士论文《城市公共空间建设的规划控制与引导——塑造高品质的城市公共空间研究》讨论了"如何通过对城市公共空间建设实施规划控制与引导以提高城市公共空间品质",从技术方法、法规制度、行政机制三个层面就建立有效的规划控制系统进行深入探索。王世福与周进的研究体现了"面向规划管理"和"可操作性"的研究进路,强调城市设计实践的实际(管理)操作意义。王世福、周进分别从"建构理想城市空间秩序"与"塑造高品质城市公共空间"的角度,对如何提升城市设计的实效提出了相当完整的对策和建议,主要包括技术性与制度性(行政、法制)两个层面,试图从编制到管理进行系统优化。王世福、周进的"面向规划管理实践特征"的城市设计实效研究从技术方法与制度对策方面作出迄今为止国内较为全面的论述。

李少云在《城市设计的本土化研究——以现代城市设计在中国的发展为例》(2004)一文中主要介绍了城市设计本土化的过程,其中涉及了城市设计发展阶段、城市设计管理运作、城市设计教育等内容。

吕迪华在《城市设计运行保障体系的评价体系研究》(2005)中,将评价体系分为目标阶段、设计阶段、实施阶段及终极评价四个阶段,通过对国内外有关城市规划实施评价的理论研究,为我国的同类型研究的开展提供相应的参照和借鉴。

对国内城市设计案例的实施评价研究为数不多,一共7篇,分别针对上海、深圳的几个经典城市设计案例进行了不同程度的实施总结评价:

王卡在《城市设计过程保障体系研究》(2006)中将城市设计运作过程的保障体系概

括为：法规体系、机构组织、评价体系、公众参与，并且指出城市设计评价是实现城市设计制定与实施实现良性循环的重要保证。

孙施文、张美靓在《城市设计实施评价初探》(2007)中，介绍了对静安寺地区城市设计实施状况评价的案例研究及得出的相关结论，揭示了我国城市设计实施中的实际效用，并对城市设计在城市发展中发挥有效作用提出了一些建议和进一步研究的方向。张美靓在《城市设计的实施研究——以上海静安寺地区城市设计为例》(2006)中对静安寺地区城市设计进行了实施评价，并具体介绍了庙弄步行街及中庭广场的开发过程，是对该城市设计实施10年后的阶段性总结。

王宇在《城市规划实施评价的研究》(2005)中，对武汉市总体规划进行实施评价。作者采用理论结合实践的方法进行，首先梳理了公共政策评价的理论，构建了基于PPIP评价模型的规划实施评价框架对武汉市城市总体规划进行实证研究。

李涛在《公共政策视角下的城市设计实施评价——以四川北路城市设计为例》(2009)中，对城市设计的公共政策属性进行分析。借鉴PPIP评价模型的分析方法，构建城市设计实施评价框架。以四川北路城市设计实施5年的过程为研究对象，通过"实施结果评价——回顾性过程评价——规划管理工具分析——实施过程中的问题剖析"的研究思路，从规划编制、实施管理等方面找出城市设计实施过程中出现的问题并对其形成机制进行解析，并针对规划管理的各个环节提出改善城市设计实施过程的策略和建议。但是文章偏重于"执行结果"研究，数据性较强，对影响城市设计实施的其他外部因素如社会、政治、经济等未作讨论。

金勇在《增进建设环境公共价值的城市设计实效研究——以上海卢湾静安寺地区和深圳中心区22、23-1街坊城市设计为例》(2006)中，将"应然的城市设计"诠释为"促进建设环境公共价值领域健康发展"的社会实践。以"上海静安寺地区城市再开发"和"深圳中心区CBD两街坊开发"为例，展开城市设计实效的经验研究。文章不仅关注案例中的建设环境公共价值领域质量是否提高，而且尤为关注城市设计者在城市设计实践社会过程中的角色认知与行为模式以及最终实效产生的内外成因机制，由此获得对当代中国(市场经济发达城市)城市设计实践现状认识之经验基础。该文对城市设计实践进行了总体性反思。文章涉及内容广泛，从社会、政治、经济、文化等多角度深入剖析了城市设计实施的影响因素，具有一定的研究深度。

陈阳在《基于城市设计的中心商务区实施状况研究——以上海陆家嘴地区为例》(2008)中，对陆家嘴中心商务区城市设计运作过程进行研究，透过对城市设计实践结果和过程的综合分析，解释城市设计成效产生的原因认为开发过程的主要参与者——政府和开发商对城市建设空间产生了最深刻的影响，实际上约束了城市设计的实效。文章涉及土地出让方式、经营运作模式以及面对经济环境变化、开发商压力时城市设计所作的妥协，但是由于考察的建设实例有限，对影响城市设计的其他因素和参与者的分析稍显欠缺。

施煜在《上海城市规划实施管理运行机制解析——以静安区 54♯ 地块项目实施过程为例》(2008)中对利益多元化社会中影响城市规划实施管理的主要群体进行分类研究的基础上,通过对上海城市规划制度下具体开发项 E1 开展过程的案例研究,列举了影响该项目实施的各类作用因素,并通过对这些要素之间的互动关系及其在规划实施过程中的演变的揭示,分析了这些因素在规划实施与管理过程中的作用程度和作用方式,揭示出规划过程中错综复杂的运行状态。

纵观以上对研究案例的梳理可以看出,城市设计实施评价的研究框架和方法基本上与公共政策和城市规划实施评价的理论一致。有关城市设计实施评价可以从对城市规划实施的评价研究中获得方法论的基础。在研究思路方面,各项研究大都沿着"结果评价——问题分析——机制解析——策略建议"的逻辑展开,这一思路实质上延续了政策评价的惯有逻辑,可以视为评价思路和方法在城市设计领域的具体应用。

1.4.3 城市设计实施评价的困境

城市设计实施评价开展得并不普遍,原因是多方面的:

1. 城市设计不具备法律效力,许多想法难以落实。由于这种不完全实施的特性,使得我们无法直接从现状的好坏判断城市设计方案本身的优劣。

2. 城市设计实施过程是一个多因素共同作用的过程,在对城市设计实施进行评价时难以分离出哪些结果是规划管理因素导致的,哪些结果是城市设计方案本身问题导致的,或者某种结果是由设计方案及规划管理以外的突发事件引发的等等。这种不明确的因果关系增加了实施评价的难度。

3. 城市设计实施的效果具有不可度量性,它关系到城市社会经济体系运作、地区综合价值、城市居民生活等,这样的效果涉及面广,作用关系并不是直接和明显的,难以测度,有些甚至是不易感知的。

4. 城市设计历时较长,一个城市设计的完成往往需要数十年,很少有一届政府管理者能将一个城市设计全部实施。由于政府体制的问题,一个经历多次领导换届的建设项目本身就难以延续,即便得到了延续,从行政管理者自身政绩的角度出发,新任政府往往更关注于自己任期内新的建设项目,对前任所进行的城市建设的实施效果评价没有兴趣。而对于城市设计师来说,本身评价框架并未完善,且对设计理想的热情远大于对结果的考究。

5. 一旦涉及实效就存在如何判断的问题,这就要建立评判的准则,从而涉及研究者所承载的价值观和意识形态。而且还有许多得到广泛认可的先验假定将面临考验,这就存在社会接受能力的问题。

城市设计的这些特性使得对其实践过程及其实效作用的探索变得困难,"在这种种问题的牵制之下,从当下世界范围的城市规划研究的实际情况来看,关于城市规划实效的研究(无论是理论建构型的还是实证型的)其实都未解决好这些问题"。[①]

1.4.4 城市设计的评价标准

城市设计评价的困境使得研究者们很难确定一个兼具完善性和可行性的评价体系。对于城市设计的评价标准,各研究机构有不同见解,并未形成统一意见。其中对本书有借鉴意义的评价标准如下:

1. 城市设计目标是抽象的,只有将其转化为具体的建设环境开发结果,才能对人们生活产生影响。英国政府环境部与建筑环境委员会(DETR and CABE,2000)提出七项城市设计目标,这七项设计目标主要源于亚历山大(1977)和林奇(1960)的经典理论,基本"代表了公众对好的城市设计的看法",可用来作为对开发案例评价的基础。

1) 个性与特色:反映出当地文化背景,有独特个性的场所;

2) 连续性与围合性:明确界定的公共空间与连续的街道立面;

3) 公共空间的质量:安全、吸引人、功能性强的公共空间;

4) 交通状况:可达性、良好的连通性、有宜人的人行道;

5) 可识别程度:容易理解与辨认的环境;

6) 适应性:灵活可变的公共与私人空间;

7) 多样性:一个可变的环境提供不同的用途和生活体验;

开发项目建设环境的物质形态是否满足这七项标准,成为对城市设计实施结果评价的准则。英国环境部与建筑环境委员会(DETR and CABE,2001)之后又提出一个城市设计评价分析调查表(Urban Design Analysis Tool,2001),用来评估开发项目的城市设计质量。

2. 王建国(2001)曾列举了城市设计评价标准的可量度标准与不可量度标准,并在对西方多个学者(如 R. Thomas;Kevin Lynch)的经典评价标准研究基础上,重点将度量标准归纳为效率和功能,不可量度标准归纳为可达性、和谐一致、视景、可识别性、感觉、活力这六个标准,但同时王建国也坦承了"这样标准架构的潜在有效性"之疑问。

3. 刘宛(2000)从政府、投资者角度出发,试图"提出一套完整的指标系统来取代松散的评价标准",从城市功能效用、文化艺术效果、社会影响、经济影响、环境影响五个方面将与城市设计有关的建设环境评价标准分为五类。刘宛的环境评价指标涵盖了城市设计最难进行度量的方面,因此使用难度较大。

4. Bambang Heryanto(2002)则在总结西方诸多地理、规划和建筑学论者对城市形态(urban form)、城市景观(urban landscape)、城市物质结构的论述基础上,提出构成城

---

① 孙施文,周宇. 城市规划实施评价的理论与方法. 城市规划汇刊,2003(2)

市形态五个要素:建筑形态、街道模式、土地使用模式、开放空间、天际线。

5. 金勇(2006)在对上海卢湾静安寺地区和深圳中心区 22、23－1 街坊城市设计进行实施评价中拟定出公共价值领域五个方面的执行标准作为评价准则:①土地使用;②道路交通;③城市公共空间;④城市历史文脉;⑤城市公共意象。这种评价体系较符合现行的城市设计内容要求。

借鉴以上评价标准及静安寺地区城市设计特殊环境,本书拟从实施结果和实施过程两方面进行评价,其中,对城市设计实施结果的评价分为两个方面进行:

1. 对付诸实践的规划,就已经实施了一段时间后所形成的结果与原规划之间的关系进行评价,即规划编制成果是否得到真正的实施。通过对规划实施前后关系对比,揭示出规划所提出的目标与实际结果之间的关系。

2. 通过对建成环境的公众使用情况调查,总结城市土地使用、交通、景观、公共空间、生态人文等方面的公众评价系数。

对城市设计的过程评价分为对设计编制过程(与实施过程同步)和对管理阶段的考察及评级。前者主要涉及城市设计师在编制过程中的行为及所完成的文本,后者主要针对政府管理实施过程的问题。

1.5 研究方法

本研究主要运用以下研究方法:

一、理论与实证相结合的研究方法

理论研究主要用于研究工作前期,实证研究是针对静安寺地区城市设计的取证与分析。包括调查研究、实地研究与文献研究。

1. 文献研究

专业文献包括国内外城市设计学术专著、城市社会经济学基础论著、学位论文、杂志文章、学术会议报告、工程实例资料等。主要内容有:

(1)理论建构

对城市设计理论和城市设计实施评价理论的梳理,对城市设计实施评价框架的构建。

(2)广泛性史籍查阅

查阅文献包括两类,一类是关于静安寺城市设计开展以来的 15 年间,静安区乃至整个上海市及中国经济社会发生的重要历史事件,如翻阅《静安年鉴》、《上海年鉴》、《静安区志》、《上海志》、《上海市地名志》、《上海老地图》等史料性工具书;另一类是 20 世纪以来上海馆藏的重要报纸杂志,希望从这些资料中搜寻社会发展的历史线索。

(3)项目资料搜集整理

主要分为三个方面:一是搜集整理 15 年间静安寺地区相关的所有城市设计、城市规划、道路交通规划、景观设计等规划类资料图集;二是静安寺地区城市设计基地范围内的所有建筑的建设时间以及相关的各种工程信息公开资料及图纸;三是建设期间上海市规划法规的变革资料以及政府管理模式变化的资料。

2. 调查研究

包括问卷调查和与相关人士访谈两部分。

问卷调查针对的是静安寺地区的居民、工作性民众与临时性到访者。

访谈主要是针对的是与静安寺地区城市设计相关的政府管理部门人员、开发商及业主、城市设计师、建筑师以及与建设工程发生冲突的相关居民群体。

3. 实地研究

实地研究包括非参与观察、现场勘察核对、现场采集建设资料图片三个部分。

二、定量与定性相结合的研究方法①

本研究对搜集数据与资料进行了大量的定量与定性分析,并将两者有机结合,以佐证研究中的主要论点。其中,定量分析主要用于对设计实施结果的分析、实施结果与设计编制内容的比较;定性分析主要用于对实施机制和问题原因的剖析。必须指出的是,定量分析的结果主要是为了给定性分析提供依据,而非数据本身具有某些重大价值。

三、分类研究

城市设计包涵五个方面的设计内容:土地空间使用体系、公共空间体系、交通体系、景观空间体系、自然环境和历史环境体系,这些体系的有机结合构成一个完整的城市设计体系。为使复杂问题简单化,本书在评价城市设计实施结果的过程中使用分类研究的方法,将复杂的城市系统分解成五个要素分别进行阐释和评价,最后作一个整体的归纳总结。

城市设计实践是多因素共同作用的结果,造成实施偏差和改变的原因可能是城市设计本身(城市设计的内容本身不完善),也可能是政府管理政策和手段(如"双增双减"政策),还可能是突发性社会事件(如"非典"和金融危机);另外在建设过程中的主要参与者如业主、开发商、建筑师等都对实施结果产生影响,所以本研究将对各种原因和参与团体进行分类讨论,以期从不同角度解析城市设计的实施过程机制。

四、比较研究

本书在对城市设计实施结果的评价中,运用了比较研究的方法,通过实施结果与城市设计编制内容的比较,考察城市设计的完成度以及在城市发展中所起到的实际作用,

---

① 参见《The Value of Urban Design—A Research Project Commissioned by CABE and DETR to Examine the Value Added by Good Urban Design》一书中附录 A"Qualitative and Quantitative Approaches to Measuring Value in the Built Environment"。该附录列举了运用定性方法及定量方法研究城市设计价值的诸多案例,并表明定性研究在城市设计的不可度量价值测量上具有明显的优势。

以此作为问题剖析与机制解析的基础。

1.6 本书框架

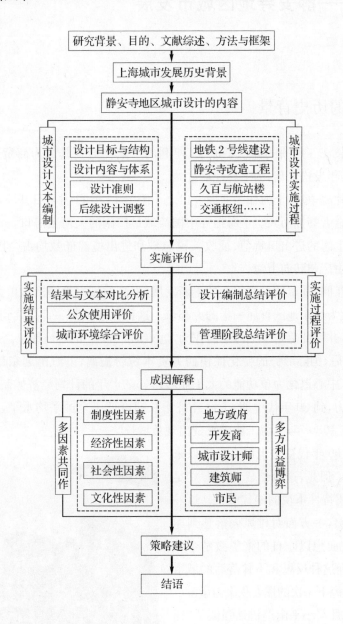

2 历史——静安寺地区城市发展

2.1 上海的历史背景

上海位于长江三角洲的冲积平原上,便利的水陆交通为其成为商贸中心奠定了基础。公元 1291 年设松江县,为上海建城之始。

第一次鸦片战争后,上海作为通商五口之一于 1843 年 11 月 7 日开埠,西方各国的商人、冒险家、淘金者蜂拥而入。上海扼守中国流域最广阔的大河出海口——长江出海口。仅 30 年时间,上海的进出口货值、征收关税总额和进出境船舶数均占全国首位,中国对外贸易的中心由广州转向上海。

此后几十年间,随着贸易和工业的不断发展,上海的城市规模迅速扩大。到 20 世纪初,上海已经成为远东地区首屈一指的大都市。这种极度繁荣一直持续到三四十年代的抗日战争时期,并因此奠定了上海当时作为"远东第一都会"的辉煌地位。

1949 年以后,国际形势的变化促使西方资本纷纷撤离,上海由远东最大的工业、金融、贸易和信息中心退化为单功能的大工业城市。三十年的计划经济体制使上海经济丧失了原有的活力,到 80 年代中期,上海经济增长速度低于全国平均水平,地方财政收入"大滑坡",而在 1986 年,上海工业破天荒出现负增长。

80 年代至 90 年代初是上海自开埠以来最黯淡的时期。但是,这恰恰成为上海立足于地方而对自我特性审视的绝佳时机。这一时期的上海社会,一方面对雄风失落感到迷茫和焦虑,一方面想以昨日的繁华激励今天的雄风再起。而这种反思和不甘落后的城市精神,正在为上海下一次的爆发积聚力量。

1992 年 1 月邓小平南巡讲话强调了"经济发展才是硬道理",上海开始了计划经济向社会主义特色市场经济的转变,同年 10 月中共"十四大"明确了上海"一个龙头、三个中心"发展战略。2001 年党中央、国务院

图 2-1　邓小平南巡(上海)

12

批准上海城市总体规划,明确要 把上海建成国际经济、金融、贸易、航运中心。新一轮的开发开放为上海带来了难得的契机,城市建设进入了突飞猛进的发展时期。

2.2　静安寺地区的旧城改造计划

上海要成为国内乃至亚洲最大的商业、金融中心,对"没落"期间衰退的城市中心的大力改造当然首当其冲。上海市总体规划中,确立了 30 km² 的中心商业区和"四街一城"的总体发展模式。静安区与黄浦、卢湾、南市共同组成上海市中心商业区,而南京路,特别是静安南京路则是"四街"中最重要的组成部分。1992 年下半年,位于市中心的静安南京路改造开发进入酝酿阶段。

1993 年到 1997 年是静安区实现跨越式发展的时期,外资大量涌入上海,"两级政府,三级管理"新体制的实行,使区政府主动开发的积极性被调动起来。1993 年到 1995 年,区政府借助级差地租的政策,用土地批租来获取改造旧城区、重建南京路所需的资金。静安区 1992 年 6 月起先后批租地块 40 幅,出让土地面积 33.4 hm²,吸收外资总额 12.95 亿美元(图 2-2)。

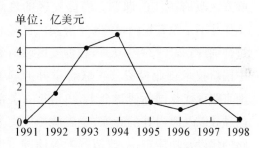

单位: 亿美元

图 2-2　静安区历年土地批租情况表

1995 年,地铁 1 号线建成通车,世界大银行抢滩上海,"申城巨变"成为上海出版热点[1]。同年 10 月,上海市地铁 2 号线建设静安区筹建小组成立。

静安寺地区位于南京西路的端头,这一区域由于地铁静安寺站的建设契机,获得了相当的重视。静安区政府在 1998 年的政府工作指导中指出:该区今后五年(1998—2002)城市建设的重点区域为四个"一":

一路——静安南京西路

一桥——延安高架桥中段沿线

一河——苏州河沿岸各区域

一点——静安寺地区

而静安寺地区这"一点"则是重中之重,是整个南京西路发展的起点。[2]

静安寺地区的发展具有独特的优势:地铁 2 号线和 6 号线穿过该地区中心,延安西路高架

---

① 选自夏东元主编.上海大博览 1900—2000.上海:文汇出版社,2000

② 1998 年静安区区长姜亚新在规划动员大会上对政府各部门领导发言说:静安寺地区综合开发是本区今后 5 年区域经济发展的重中之重,静安寺地区是静安南京西路的龙头,龙抬头,龙动身。要集中力量改造开发静安寺地区……要在短短三五年内,把这一地区建设成繁华开放的都市商业中心。

从该区南侧通过,整个区内有十多条公交线路始发或经过,交通便捷,区位含金量显著。区内汇集各类商店、商厦百余家,构筑起了静安寺地区商业的繁荣。地区周边的一批高档次豪华宾馆,如希尔顿、贵都、上海宾馆、静安宾馆、波特曼、锦沧文华、百乐门、延安饭店等,形成了两大高层宾馆群,携同上海展览中心、市青少年宫、文艺会堂等一批公共活动场所,对地区的商业形成有力的支持,静安寺和静安公园这样的文化资源和生态资源也是本区的一大特色。而该区也存在一些问题:首先是商业空间严重不足,商业特色不够显著;其次是静安古寺的经济文化特色和旅游功能仍未开发,道路与交通严重超负荷。

在这样的情况下如何利用好优势,整合各项建设,借助地铁建设带来的开发契机把静安寺地区建设为高档商业、旅游中心,是静安区政府关注的课题。而静安区的规划工作并不是没有先例,1988年静安已经有过详细规划,1992年10月,在静安区政府和中国新技术创业投资公司联合举办的静安南京路现代化国际研讨会上,也请市有关部门领导以及海内外的专家、学者就静安南京路的建设及功能定位、改造开发等问题出谋划策,奠定城市规划设计的基础,其中对本案影响重大的有以下两个:

图2-3 静安寺地区建筑形态规划示意图

1.《静安城市更新规划设计》

《静安城市更新规划设计》由上海城市规划设计院于1988年编制完成。规划范围东起常德路,西迄乌鲁木齐路,南起延安路,北至北京西路,总用地约31公顷(见图2-3)。

规划着重于静安城的更新与整治,强化商业设施。改善道路交通条件,强调综合性、系统性与现实性相结合,结合规划提出实施办法,力求将此地建成寺、园、商、住结合,具有现代水平且符合其土地价值的有特色的城市环境。规划中注重地上、地下空间综合开发利用。拟在静安公园北部结合地铁出入口建下沉式广场,并强化商业步行街和步行通道的网络化。

2.《南京西路(成都路—镇宁路)沿线改造计划》

1993年12月,该计划由上海市城市规划设计研究院《南京西路(成都路—镇宁路)沿线改造计划》编订完成,其规划改造范围东起成都路,西至镇宁路,南临延安路、威海路,北至北京西路、万航渡路。总规划用地213.9公顷,该规划将南京西路商业街按其功能分为相互联系的三部分:

①购物、娱乐、美食中心区(江宁路—成都路);

②高层商务办公中心区(常德路—江宁路);

③静安寺中心商业区(镇宁路—常德路)(见图2-4)。

3.《静安区控制性详细规划》

20世纪80年代初,控制性详细规划伴随着我国土地批租政策的施行而引入和逐步发展起来。1991年《城市规划编制办法》及1993年《城市规划编制办法实施细则》等文件相继出台,标志着"控规"编制技术框架的基本形成。

《静安区控制性详细规划》就是在这个

图2-4 南京西路沿线改造计划总图

框架下于1993年底编制完成的。规划的目的是为迎接1993—1998年间的大开发①,主要在于确定地块用地性质和开发强度方面的控制指标。

该控制性详细规划,只引入了区划中一些地块控制的核心指标,如容积率、建筑密度、绿地率等,以便于城市土地的批租、协调批租地块之间的关系,较少考虑城市设计方面的控制要求②。

以上规划分别在不同领域进行了深入研究,但是,静安区规划局的管理者仍然感到巨大的困惑:在已批租出让若干地块并确定了初步规划项目的情况下,如何对这些建设项目进行更好的协调,为重点地区的开发提供一个整体的意向性引导,同时对未开发地块进行相应的控制引导,达到土地的高效利用、交通与城市系统充分协调。显然这些规划都无法给出满意答卷。

静安区需要的,是一个可直接用来指导开发并且实际可行的城市设计。1995年4月,在市规划局总规划师的推荐下③,区政府找到了同济大学建筑系的卢济威教授,希望卢教授"帮忙想办法",提出一个可操作的方案。于是,《上海市静安寺地区城市设计》的编制工作开始了。而这一套比较完整的城市设计成果,也理所当然地成为了对当时城市形态进行控制引导的唯一准则。

---

① 而其实由于1993—1998年间的大开发,彻底改变了全区城市建设发展的面貌,直接导致此规划内容的失效,但是为下一轮(2010)控规的编制提供了基础。

② 所以,静安寺地区城市设计成为该地区第一个比较完整的城市设计成果,对整体城市空间形态进行控制引导。

③ 当时静安区政府非常着急,手里的文本都无法拿去和地铁部门进行沟通,必须用具体开发方案说服地铁部门,进行统筹开发。当他们找市规划局总规划师耿毓修请求建议的时候,耿总推荐了参加过陆家嘴城市设计竞赛的卢济威老师,之后分管城市建设的副区长去卢老师家与之商讨,达成合作协议。卢老师带领两个研究生,迅速开始了城市设计的研究。

2.3 1995年静安寺地区城市设计的核心内容

"海上静安"——静安简史

　　静安区以1700年历史的静安寺而得名。1862年修筑的静安寺路成为连接外滩和泥城浜以西华界乡村地带的主要马路。筑成后的静安寺路，以环境幽静、地价合适、交通便利等优势，吸引了不少中外人士来此购地置产、建房定居，一座座私园、洋房住宅等先后崛起，进而兴建娱乐场所、开设店铺，静安寺路商业渐次兴起，最终发展为沪上一重要商业大道。

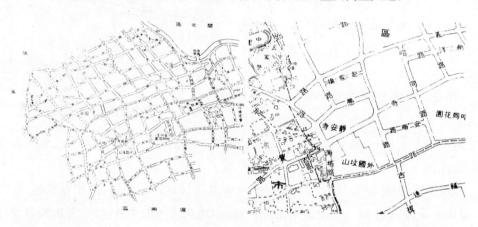

图 2-5　1943 年区内地图

图 2-6　租界时期的静安寺路

1899年,公共租界扩界西至静安寺,紧接着继续越界筑路拓展势力范围,于是由公共租界和越界筑路区域两部分组成的静安寺地区,受工部局管辖。1914年,法租界扩张至徐家汇,海格路(今华山路)南段遂成华界与法租界的界路,福煦路(今延安中路)则为公共租界与法租界的界路,静安寺成为公共租界、法租界、华界三界相交之地。

至20世纪30年代末时,静安寺地区已成为上海市区交通枢纽、沪西商业中心,完成了从"后花园"到"消费圈"城区功能的转变。区内有著名的时装商店、理发一条街、雷允上药业等,还有以百乐门为首的大量娱乐场所。

"一片净土"——外国坟山

光绪二十二年(1896)辟建的静安寺路外国公墓(Shanghai Municipal Council Bubbling Well Cemetery),俗称外国坟山,旧址位于静安寺路1649号(今静安公园),是上海公共租界当局处理外侨丧葬之所,内设礼堂、化骨炉及骨灰陈列室等。这座占地面积广达69.65亩(约46 433 m²)具有欧美风格的外国公墓,造型颇为别致。那时的静安寺路外国公墓在上海是很有些名气的,它拥有6 214个墓穴,多安葬外国人。

"一道灰色的墙隔着两个世界,墙外是无尽的喧嚣,墙内是无底的静寂"。这里是死人的高档住宅区,也是"闹市中唯一的一片净土,战争、夺取、欺诈,都不在这里进行"。

1954年公墓迁葬,被改建为静安公园,进而成为周围民众健身休闲娱乐的好去处。

低矮凌乱——九十年代初之静安寺地区

今天的静安寺地区繁荣整洁,但在1995年却呈现出一片杂乱无章——沿街店铺密集且布局凌乱,街道内部已批租地块拆迁以外,大多为旧式里弄住宅,其间道路、绿化、市政设施严重不足;作为计划经济时期工业城市的残余,区内

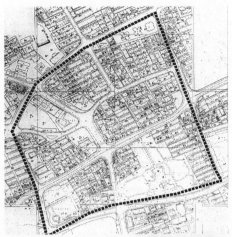

图2-7 老照片——1995年静安寺

仍有许多工业、仓储建筑,破坏着城市环境;1700 年的静安古寺用地紧张,被商业、居住、小学包围,只有一个通道可达;商业用地侵占绿地严重,静安公园面积压缩。区内建筑质量差异显著,既有百乐门、环球、轻工大厦、赵家桥小区、市九百店这样的高质量建筑,也有低矮的危房门面……

1992 年到 1995 年间土地批租量快速增长,因此城市设计开始之前部分地块已经批租。这也给城市设计的定位带来了方便,使得设计师能够自设计前期与利益各方进行沟通,在充分了解开发商意愿的情况下,将规划管理部门、地铁设计、开发、管理等各单位、宗教事业部门、开发商等多方意愿综合于整体的设计理念中,并随具体工程的进行不断调整。

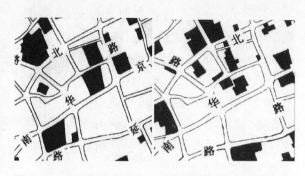

图 2-8　1990 年代静安寺地区花园住宅(左)与新式里弄的分布图

图 2-9　老照片——1995 年静安寺地区质量较高的新建筑

2.3.1　1995 年静安寺地区城市设计

设计范围静安寺地区城市设计的研究范围南起延安西路,北至北京路,东起常德路东侧,西至乌鲁木齐路,规划面积约 36 公顷。

静安寺地区城市设计文本主要分为两个部分:第一部分是研究报告,制定了城市结构发展和空间形态构成的原则,特别对道路交通的组织、地下空间的开发、历史文脉的保护、换乘系统的建立等作了深入探讨,并对商办商业、文化宗教、城市绿地、城市交通等多种城市功能之间的关系进行整合,提出了可执行的开发程序;第二部分是落实到指导具体空间开发的城市设计准则,以增加设计理念的可操作性。内容为总图、系统分析图以及各地块的分块控制图。文本结构完整、内容详尽,以系统研究报告的格式展示出演绎逻辑。[①]

---

① 参见附录 A《静安寺地区城市设计》目录部分。

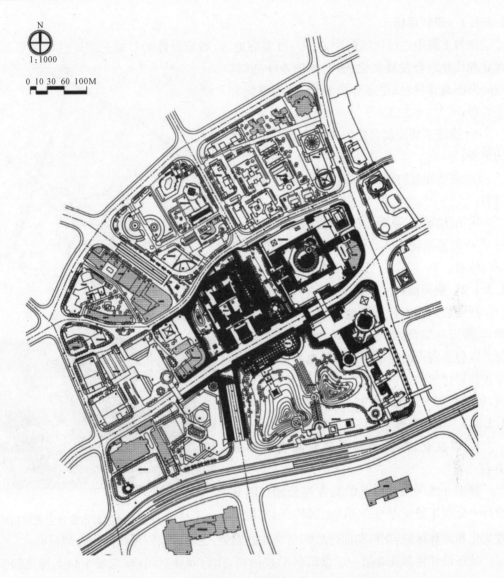

图 2-10　1995 年静安寺地区城市设计总平面图

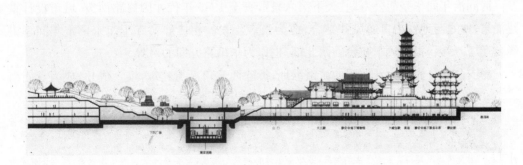

图 2-11　城市设计剖面示意图

2.3.1.1 设计目标

作为上海中心城西区的中心——静安寺地区,城市设计的目标是:"通过城市更新,建立现代化综合发展文化、旅游的商业中心,其空间形态具有特色,生态环境和谐,运动系统有序。"即:

· 推进多功能复合化的中心商旅生活街区的形成;

· 创造相互协调的城市中心区的建筑群体风貌;

· 组织通畅、高效、灵活的交通流线系统;

· 创造亲切宜人、体验丰富的高品位共享空间体系。

2.3.1.2 空间结构

静安公园作为开放绿地[①],扩大到南京路北侧,与静安寺结合,寺庙成为绿地的一个组成部分。以包含古寺的地形起伏的绿地为中心,周围布置高层建筑形成高层圈[②],基本保留原有道路网,形成静安寺地区的框架。

2.3.1.3 设计构思

1. 以文化、旅游为特色形成综合型商业中心

静安寺地区最具特色的是寺与公园。因此设计充分利用静安寺与公园的地区特色,发展宗教文化和园林绿地,支持和促进旅游与商业的繁荣,也适应人们现代购物心理特征。

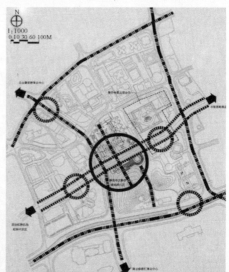

图 2 - 12 静安寺地区城市设计空间结构图

城市设计将静安寺第一层以筑台形式抬高,作为商业空间;在二层平台上重建静安寺,地下层建宗教文化博物馆、招待所及商业餐饮设施。

清同治年间华亭胡公寿题"天下第六泉",直至 1960 年代才因修路而废,城市设计重建涌泉,使之与地铁出口通风井结合,成为景观要素。相传静安寺于南宋嘉定年间建讲经台寺塔,后毁,拟重建于庙台的西北部,也作为华山路方向的对景。

静安公园首先改为开放型的城市绿地,拆除西北角沿街建筑,堆土成丘,成为寺庙南

---

① 静安寺地区的结构设计经历过三个方案,最后选定了寺园结合的方案。选择这个方案原因有二:首先,静安区是上海市绿地最少的地区,人均绿地仅为 0.14 m²,绿色、自然对于静安区的生态具有特殊的意义;其次,作为著名的南京路的收尾,这种高层包围绿地的结构相对常见的沿街树立高层建筑的模式具有鲜明特色。

② "首先考虑从延安高架看下去的效果,另外由于地标建筑的高度,需要给人足够的视线距离,所以让静安公园和静安寺这一大片形成低矮片区,周围全是点状高层,人的视线穿过前方开阔的公园和广场,看到静安寺的飞檐,看到后面的高层,就是要达到这种效果。"(见附录 G2《对城市设计师张力老师的访谈记录》)

屏对景,另外也改善延安路高架上的景观,还保证地下建大型社会停车库后地面具有深厚土层便于种植大树,力求保持城市中心自然生态环境。公园内原有两行参天古悬铃木,予以保留,轴线南伸,作为延安路人流的导向。将寺庙的东西侧也大片植树,作为山地园林的组成,寓意"深山藏古寺"。

寺园作为整体,除采用"园包寺"手法外,还在园寺之间建立轴线。通过下沉空间穿过南京路连成一体,满足步行活动的需求。静安寺的东侧街坊大部分属于庙产,现状多为旧式里弄,规划全部置换为商业空间,同时强调商业零售的连续性,避免由于寺园建设而被割断,一方面将寺庙底层全部作为商业功能外,在地下结合地铁站、地下停车库等设施设置地下商业街,使南京路的商业空间不间断。

2. 以立体化手段组织有序的交通网络

1995 年静安区辟通武宁南路,与华山路接通,成为上海西区的一条重要南北干道,带来华山路与南京路交叉口的交通压力十分明显。考虑到南京路视觉连续性、静安寺地区核心地下空间的整体性以及愚园路非机动车道的畅通等因素,采用华山路下穿的立交方式。同时由于华山路下穿,还增加了寺庙西侧的绿地面积。城市设计力求建立该地区地下、地面和地上二层三个层次的步行系统。结合地铁站,在地下一层将核心区的地下空间连成一体,并跨越南京路、常德路和愚园路等;二层步行系统联系各街坊的商业空间,并由加盖天桥跨越部分街道,以补充没有地下空间跨越道路的人行过街设施。

整个地区布置两个停车场,其一是静安公园(西半部)地下设大型地下车库,容量达 800 辆,紧靠地铁车站;其二是乌鲁木齐路愚园路口设多层停车库,容量为 200 辆。分别在该地区的四周设自行车公共车库,可停放 6 000 辆,并尽量靠近购物场所。采用与商场结合的方式,将沿街商场部分作地下夹层,约 2.2 m 层高,顶板高出室外地面 1 m,地板低于地面 1.2 m。这样只要建筑师妥善处理,不但不会影响商场的空间布置,反而能增加空间趣味。

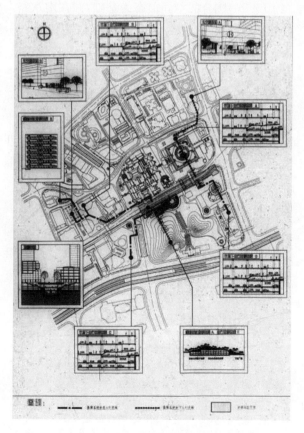

图 2-13 交通及停车分析图

3. 以地铁站为契机,建立交通换乘体系

静安寺地区有两条地铁在静安公园、南京路交叉通过,组织好地铁站与公共汽车站、社会停车库的良好换乘体系,是城市设计的重要内容。

目前,公共汽车通过静安寺地区的有十多条线路,一个终点站和两个区间终点站,但都是沿道路安排,对交通流畅性影响较大。根据现状和区域中心的发展,拟安排 6 条公交路线的终点站,分两处建设(每处 3 条线):①常德路西侧,愚园路和北京路之间;②愚园路南侧,近乌鲁木齐路。考虑到用地的经济性,均设置在楼宇的架空层内。

4. 延续历史文脉,强化南京路的起止空间环境

静安寺地区以园林和古寺为核心,由高层圈(约 100 m)围合的空间形态为基础,并在南京路、华山路交叉口的西南侧设置地区最高建筑,高 180 m,作为地区的地标,为南京路、华山路和延安路高架定位。静安寺地区的建筑形态力求继承传统,不回避冲突,并考虑时代性。为此,核心部位的寺庙及其轴线范围采用中国传统形式;南京路两侧核心周围,特别是主要对景部位采用以西洋古典主义建筑为基础的南京路建筑文脉;其他部位可以不受限制。

2.3.1.4 设计内容(体系设计)

静安寺地区城市设计控制内容包括土地空间使用体系、交通空间体系、公共空间体系、建筑群体形态(空间景观体系)、历史文脉保护五个方面[①],以下展开介绍:

1. 土地空间使用体系

(1)土地使用分区及分类:

静安寺地区各街坊基地编号如地块编号图所

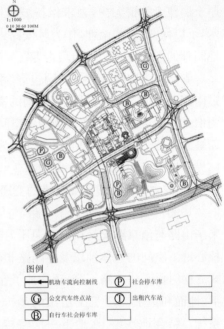

图例

机动车流向控制线	P 社会停车库	
G 公交汽车终点站	T 出租汽车站	
B 自行车社会停车库		

图 2 - 14 交通分析图

图 2 - 15 地块编号图

---

① 在《静安寺地区城市设计》(1995)中,城市设计控制内容为:城市土地功能配置、道路交通系统、地下空间系统、开放空间和绿地系统、步行系统、城市形态、历史文脉保护七个内容,鉴于道路交通系统、地下空间系统和步行系统实际上都是“交通空间体系”的内容,笔者将此三项内容合并为“交通空间体系”,这样也能与随后的实践评价的五个方面内容一一对应。

示。城市设计将新开发的居住用地集中于静安公园东侧、胶州路东侧、乌鲁木齐路西侧,并尽可能利用高层住宅的裙房作商业用途,以达到静安寺地区寺、园、商、住的有机结合。

（2）土地使用调整

常德路以西、愚园路以北,愚园路以南、乌鲁木路以东两块地块,定为公交枢纽用地。因原用地面积、型制与公交枢纽用地不符,故调整用地扩大公交枢纽底层用地面积,而将二层面积置换给被占用相邻地块作为补偿。

常德路以西、愚园路以北地块拟作为邮政用地与公交枢纽联合开发,原静安寺北侧的邮政局将土地置换给静安寺,满足寺庙的完整与发展有及地区公共设施的完善。

（3）开发强度

开发强度强弱分明,保证核心区弱,周边强。城市设计运用联合开发的方式,解决市政、地铁开发时与周边地块的衔接问题。

图 2 - 16　土地使用调整图

两个公交枢纽是地区活力与效率的保证,也是本地区成为旅游、文化、商业中心的重要依托。建议与房地产、市政设施开发协调进行,以利于两者之间相互促进。

2. 交通空间体系

（1）车行道路系统

本地区车行道路系统包括快速干道、交通性干道、生活性干道、次要道路和支路（地块服务性道路）五级。规划对交通性道路实行道路拓宽工程,以扩大本地区南北向的车行疏运能力。生活性道路扩大人行道,进行街道环境设施更新,以塑造核心地块的商业中心氛围。

（2）公共交通系统

a. 建立交通换乘体系

交通换乘即地铁、公交、汽车、步行等交通方式之间的便捷转换。静安寺的交通换乘体系建设是在地铁 2 号线的建设契机下开展的。

地铁 2 号线的静安寺站设在静安公园内,不仅为居民提供了便捷经济的交通工具,更为新的城市开发创造了有利条件。地铁把地面的交通进一步构成网络,从而建立交通换乘系统,使地铁与地面公共汽车站及地面停车场均可以有很好的联系,旅客转乘其他车辆变得容易。地铁把重要的建筑物接成地下城,人们通过地铁的人行地道可以很方便地到达任何一个公共活动场所,解决各建筑地下空间单独开发、各自为政的局面,获得更大的经济效益。另外,城市设计还对公交枢纽、公交站点和计程车招呼站进行具体的布局考虑。

b. 建立立体化交通体系,由地下、地面、二层天桥三个层次形成立体步行系统。

c. 创造宜人的换乘空间

地铁出口设置下沉广场,减弱地下的沉闷感。地下通道可不经地面直接到达常德路西公交枢纽及愚园路公交枢纽,缩短交通路径和减少地面穿行过马路时间。

（3）联合开发

联合开发是政府与开发商,开发商与开发商之间共同负担开发费用、合理分配利益的一种城市开发形式。由于城市土地使用状况的变化,原来地块划分有的不适于开发规模的需要,或政府市政项目（如城市开放空间、公共设施建设）资金来源不足的情况下,实行联合开发可以解决以上问题。

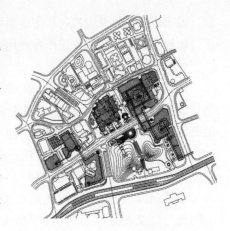

图 2-17 二层步行系统图

a. 本设计中静安寺地区公交枢纽站所在地块面积不足,部分占用相邻已批租地块的土地,而将其置换成部分容积率或允许其在枢纽站范围的上部增加建筑面积,与其开发内容（一般为商业）相连。

b. 地铁出入口与建筑物联合开发——可将地铁出入口设置在建筑物底层。此时就需要建筑设计结合地铁出入口来设计。

c. 联合设计还出现在不同地块两个建筑物之间连通的二层步行系统,由两地块开发商根据城市设计的要求协同设计。

图 2-18 地面步行系统图

（4）停车系统

大静安寺地区大型机动车停车场库分两处,一是静安公园堆山下的两层停车库,每层约为 1 万 m^2,可停车 300~600 辆。另一个是 1#地块环岛内的 7 层立体停车库,可停车 200 辆。

3. 公共空间体系

a. 静安中央绿地

规划中的静安中央绿地是本地区共享空间的核心和焦点,由原静安公园改扩建而成。改扩建按照塑造上海中心城区内高品质、开放式中心绿地的目标,精心设计出入口集散空间、硬地活动空间、休憩空间、观景空间、交流空间、游乐空间和服务空

图 2-19 地下步行系统图

间,强调开放性、生态性、文化性和聚会性。

b. 街头节点绿地和公共活动广场

"街头绿地、街心花园和组团开放绿地是城市共享空间的重要层次"。规划中的协和广场地块绿地、南京西路常德路至铜仁路段街头绿地等,各街头绿地和基地绿地设置花坛、水池、坐凳等设施,形成一个与休闲人流需求相结合的街头节点绿地体系。

"考虑商业中心区各类活动和地铁车站人流集散的要求,规划设置两个小型的公共活动广场"。其一是地铁 2 号线静安寺站五号出入口前的下沉式广场,广场占地约 2 810 m²,标高 −7 m,以地铁人流集散功能为主,将人流集散和周边约 8 000 m² 的商业购物、娱乐餐饮空间结合;其二是位于庙东及新久百之间 3 500 m² 的新庙会步行街和新久百一、二期间 1 200 m² 的高台式中庭广场共同形成一个"T"字形广场,形成一个集购物休憩、商业表演、节日欢庆、露天展览和新闻仪式发布功能相结合的多功能中心广场。

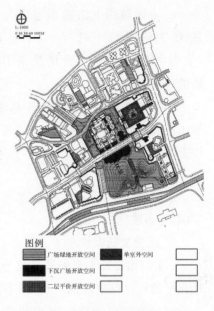

图 2 - 20　公共空间分析图

4. 建筑群体形态(空间景观体系)

静安寺地区总体城市形态呈中心低周边高的态势,结合地标建筑,凸出核心区寺庙建筑及静安公园绿地;关注本地区原有的传统建筑风格,创造中西建筑文化对峙,在对峙中求协调。

(1)建立地标,形成整体态势

本地区拟将地标建于华山路西 3♯ 地块东侧,180 m左右,为静安寺地区在延安高架、南京西路、华山路上定位。地标建筑将由核心区的平均 25 m 左右的高度和外围100 m左右的高层态势得到衬托。

(2)加强门户感

图 2 - 21　地下空间步行系统分析图

规划对位于核心区的门户位置的建筑进行外部空间规定,以实现本地区的导引印象和区位认知。其中,东入口南京西路与常德路交叉口利用外形独特的高层建筑与二层天桥共同构成建筑形态和门户空间,为内部豁然开朗的景观构造伏笔(图 2 - 23);西入口由会德丰广场和隔南京路对望的 4507 地块的建筑呼应,通过过街天桥连接形成特色门户空间;北入口万航渡路和北京路交叉口利用弧面建筑加以突出;南入口依托延安路高架和华山路人行天桥强烈的空间形态进行处理。

（3）组织城市对景

a. 寺园轴线上山腰小亭作为古寺的对景（图2-24）。

b. 寺庙后的讲经台塔是华山路和愚园路的对景（图2-25）。

c. 由核心区望南京西路东西端，西望端景由地表高层和跨路天桥构成，东望端景为综合体和跨路天桥组成。

d. 建筑高度控制

高层圈：60～120 m，地标建筑180 m，低层圈，寺庙建筑25 m以内。

5. 历史文脉保护①

（1）城市设计本着创造具有历史风貌的文化形象和窗口地段的宗旨，对各类近代优秀保护建筑加以严格的保护和进一步的弘扬，保护历史的城市场所和心理文化传统，并进行广泛宣传，使历史场所的保存和再开发吸引更多的公众关注，赋予地区更多的社会知名度。

（2）保护南京西路的整体风格，重塑南京西路商业。

（3）对千年古刹静安寺进行整体改造，保护文脉。恢复"静安八景"，注重保护和重建实施的可能性和可操作性，既保证南京路零售商业界面的连续性，又考虑开发商的利益，拟将寺庙重建于平台上，底层留作商业空间开发，地下层设置博物馆、旅馆、停车场等，部分恢复"古静八景"中的三景，即在下沉广场配合水面恢复"涌泉""芦子渡"，在庙的后侧重塑"讲经台"塔，使寺庙成为宗教、商业、观览的综合体，增加设计的可操作性。

（4）保护原外国坟山栽种的32株悬铃

图2-22　核心空间北入口门户

图2-23　南京西路跨路天桥入口门户对景

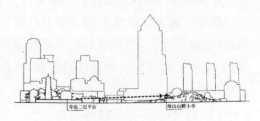

图2-24　寺园轴线上山腰小亭作为古寺的对景

图2-25　寺庙后的讲经台塔是华山路和愚园路的对景

---

① 本节内容已将《静安寺地区城市设计》文本中对历史文脉保护与交通换乘体系的专题研究概括进来。

古木,将其作为静安公园的主要轴线。

2.3.1.5　设计准则

为协调具体开发过程中的合作问题,保证城市设计的实施,《静安寺地区城市设计》还编制了执行准则。

文本指出准则的成效,是加入时间因素,依靠各参与者的互相协商,根据演变的结果来达成。因此开发初期建议区政府与区规土局成立专门的审议小组,将准则作为开发者、设计者与审议者各方的对话基础。考虑到该地区的远期开发尚具一定弹性以及区规土局的行政资源有限,希望准则能发挥部分效用,可将准则作为目前建筑审核时的补充。准则与上海市城市建设、规划管理的其他法规、政策配套使用,其解释权归静安区规划土地管理局。

设计准则包括四个方面的内容:整体规划准则、整体建筑形式准则、公共空间设计准则和交通设计准则。

1. 整体规划控制

整体规划控制主要控制容积率,容积率奖励补偿措施,建筑退界、高度、体量等。以下摘录部分内容:

"第一级多层建筑控制线——多层建筑墙面必须100%落在此线上,以控制建筑基座能确定围合出主要开放空间的形态。

第二级多层建筑控制线是指明建筑的墙面必须80%落在此线上,以此限定主要街道空间(如南京路商业街)的连续性,并允许其为表达主入口位置而产生的后退设计弹性。

第三级多层建筑控制线是指明基地建筑不可逾越此线,应后退处理,以确保道路与建筑空间的缓冲空间。

高层建筑控制线指明基地内高层建筑必须后退此线建造,以确保高层建筑之间的外部空间以及相互的日照通风条件。

天桥位置线表明人行天桥的搭接位置尺寸。前开发者须留搭接位置,后开发者应整

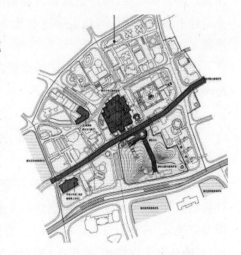

图2-26　历史文脉保护分析图

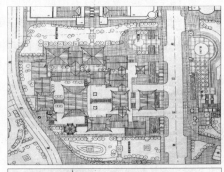

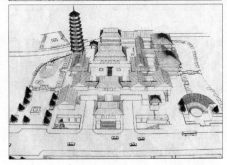

图2-27　静安古寺保护重建示意图

体设计天桥的造型,而建造经费分摊由配合开发双方另行拟定。

地下步行通道位置线表明建筑地下空间必须留出的人行通道位置与尺寸以及各地块间人行通道的衔接位置。

广场与绿地退缩面积,表明为形成各主要开放空间和公共绿地建筑物间必须留出的最小尺寸与面积。"

2. 整体建筑形式准则

整体建筑形式准则对该地区几个重点建筑的设计提出了具体要求。

(1) 地标建筑(今会德丰广场)

提供整体城市认知意象确立地区空间标志,并为视线走廊、轴线端点、门户框景提供视觉焦点及对景,增强场所识别性。中心地标主塔楼高度控制在160~190 m范围,建筑形态应是无方向性,可表达简洁向上的空间意象,力求具有雕塑感与稳定性。地标建筑群(可能包含主次塔楼、裙房等)的形象应充分研究下列各视线的完美性。

(2) 东入口门户(今越洋广场)

限高120 m,考虑南京西路东侧导向静安寺地区的标志,也是常德路向南京西路的端景。此建筑的塔楼与地标建筑相比应更具亲切感。

裙房部分考虑地铁出风口设计,并考虑地下层与地铁站之间地下商场的联系,裙房与下沉广场连通,设计时应与跨路天桥紧密结合,统一设计。

(3) 古寺建筑(静安寺寺庙)

古寺抬高在一层基座上,不致被周围环境淹没。

总体布局不追求严格对称,只是在中轴线上布置几进主殿建筑,轴线两侧布置配殿。八角形寺塔宜设于古寺西北角,约15~20 m高,高度不宜超过大雄宝殿。建筑按宋式设计。

寺庙基座——底层内部布置讲经堂、素斋馆、佛教商业、停车等内容,体型具雕塑感,少开洞,以隐蔽内部零乱的商业空间。基座顶面与地面联系采用石砌大台阶。

地下层主要布置佛教文物博物馆、佛教藏书院、库房、商业、停车及货运服务内院,进出车路线见本章第一节第四部分之"交通设计准则"。博物馆部分与地下开放空间、地铁站联系紧密,又是经由地下入山门而后入寺庙的第一视觉印象,可作为基座的向下延伸。入口等细部处理结合水体开放空间统一考虑。

(4) 商业综合体(今久光百货与城市航站楼)

本地区6-2地块(商业综合体)与寺庙建筑一同确立核心区的总体空间意向。考虑到南京路空间传统的高宽比及便于控制南京路的宽度,建议综合体采用内院式的空间布局,设二层内院平台作为公共开放空

图 2-28 静安寺寺庙方案模型

间。在东南西北分别设置四个大门,以大台阶引导人流。沿南京路、常德路西侧地面层仍布置商店,以保证南京路商业的连续性。根据地区的城市空间形态特征要求,综合体高度控制在8层以内,不设置高塔楼。

综合体南侧分别设置二个跨路空间横跨南京路,建议一个在中部,为二层天桥,作为主要步行体系联结体;另一个布置在西侧,包含二层并有围护及顶盖,作为从南京西路进入核心的城市门户。

综合体西南及西侧在不同层次布置能观瞻寺、园核心绿地的空间,可结合购物、娱乐的休息场所,以提高地区的景观资源的效益。综合体西立面是核心空间的界面,特别要注意体量变化和天际线。

地下层设地下商场或部分地下商场,以保证地下空间步行系统的建立,特别注意与地下地铁站的联系。

(5)人行天桥

跨路空间为步行行为提供安全、方便、舒适的条件,同时是丰富街道空间层次,形成特殊空间形象的主要角色。本地区设置4条跨路空间,净宽为8 m,底部净高不小于4.5 m。为保持天桥通行无阻,天桥两头建筑二层标高应以天桥为准。绿化宜结合栏杆设计,并考虑夜间照明的亮度和美观。

南京西路跨路空间(B天桥)采用两层围护式的过街天桥。天桥净宽为8 m,下层结构地面标高为6 m。天桥综合多种功能(例如娱乐、休息、观瞻),可结合步行的同时,安排咖啡厅、茶座等,以提高效益,并由承建方管理。考虑天桥作为形成核心区东侧界面的重要角色,其形式构图、色彩材料运用等应与路北商业综合体和路南商贸大楼统一考虑。跨路空间的设计必须与跨路二地块建筑形式一致,成为统一体,建议由先开发地块留出接口,后开发地块设计并建造。

3. 公共空间设计准则

包括静安核心绿地与商业综合体内院的设计

图2-29 商业综合体效果图

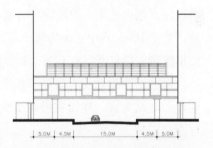

图2-30 跨路天桥立面示意图

图2-31 跨路天桥模型示意图

控制。

（1）静安核心绿地西部山丘 12～16 m，东部山丘 4～6 m，下沉广场标高 −5 m，与地铁站以踏步联系。下沉广场除交通功能以外还作为休息、交往场所，可与小商店、咖啡厅、茶座结合。

（2）庙弄步行街作为寺庙与商业综合体的隔离，铺地部分以石砌为主。

（3）商业综合体内院从城市设计角度，是为建立一个封闭感强的开放空间，作为静安寺地区开放型核心园林绿地空间的对比与补充。其二层平台广场，24 小时向市民开放，是一个商业型的广场，更强调丰富多变的造型，宜考虑做成立体式的室外共享空间。

4. 交通设计准则

包括步行系统、公交枢纽站、汽车停车、自行车停车等。

该地区公交枢纽站有两处：（1）位于常德路西侧、愚园路北侧的邮电大厦底层；（2）位于愚园路南端、乌鲁木齐路东侧腹地的商务中心双塔裙房底层。容量设计各为三条线路。两个公交枢纽站均与房地产联合开发。车站净高不小于 4.5 m，设计每条公交线路占路宽 10 m，其中 3 m 为候车岛，7 m 为车道；每道均三个车位长，即 3×15 m＝45 m。公交枢纽站人口车道宽为 12 m，转弯半径不小于 20 m。

常德路西侧公交枢纽站考虑用地经济性与可能性，宜沿街布置商业。商业布置以不隐没公交站为宜。建议在沿街架空柱间设计通透玻璃零售亭，进深不宜小于 4 m，宽度视柱距而定。

2.3.2 后续设计调整

静安寺城市设计 1995 年 4 月启动，于 1996 年 3 月最后汇报通过。但在此期间，城市设计需要与地铁 2 号线静安寺站的设计协调，两方共同认证最后确定方案，一些道路设计问题也要得到交通部门的确认。1997 年亚洲金融风暴，一些大型公共建筑的建设相继推迟，越洋广场地块发生几次开发商更换问题。某些地块由于开发商发生变更，地块性质变化，静安寺方丈对静安寺建筑的后退红线问题不满意等，导致城市设计的某些局部进行了调整。

1998 年是静安寺地区城市设计最后调整定稿的时间，这期间静安寺地区的城市建设遭遇一些"情况"，城市设计进行了局部微调。其中关键的三个变更包括城市航站楼的进驻带来的调整、由于道路下穿可行性问题的设计调整以及由于地铁建设而做的调整。

1. 商业开发量增大的需求

由于久百对商业面积增大的需求，原来寺庙与久百之间的绿化取消，静安寺部分商业内容转移到久百。久百在扩大建设面积后，1998 年重新调整城市设计，"T"形公共空间代替了原来的设计。

2. 华山路下穿的设计落空

华山路下穿计划是整个城市设计构思中获得专家和领导一致好评的一点,但并未实现。原因有二:(1)华山路下沉导致乌鲁木齐北路必须加宽以承载地区的车流量,遭到乌鲁木齐北路愚谷村的居民强烈反对,拓宽道路必然削去愚谷村的一部分,作为优秀历史保护建筑,政府必须考虑其他办法解决地区交通问题;(2)区领导都非常认可城市设计的建议,于是请专家做可行性研究,希望可

图 2-32 城市设计调整模型

以实现华山路下穿。华山路下穿的部分与地铁 2 号线的轨道垂直相交,2 号线已经确定位置和标高,不可能更改。而华山路就必须在 2 号线与地面之间的几米的空间里做出下穿的通道,操作局限性相当大,经过多方论证,最后因为华山路下埋有大型市政管道而无法达到下穿高度要求。同时,因道路下穿而释放出的静安寺西侧城市绿地,也因为道路仍保持原样,得不到落实。这样,城市设计"园包寺"的设想,也只剩下南侧大面积的静安公园被保留下来。

3. 地铁出口位置的变更

在 1995 年的设计中,为了减少南京西路过街人行横道的数量,静安寺与静安公园之间由两个下沉广场与地铁出入口在地下相连,常德路南京西路交界口也设置了下沉空间,分别位于十字路口四个地块的人行出口,但是四个下沉广场在 1998 年的文本中只有一个得到保留,即静安寺广场。

4. 静安寺寺庙设计单位易主

静安寺建筑设计由同济大学建筑设计研究院城市设计研究中心设计,其设计考证详细,形式优美,错落有致。设计第一次改变是由于地块面积压缩,多重院落建筑变为单重。而导致设计方案最终落马的原因,是虽经多次调整与协商,最后方丈对后退红线 8 m 给人行道留多一些的设计方案坚决反对[1],因此设计方与业主方不欢而散。1998 年,寺庙建筑改为华东院进行方案调整和施工图设计。

但值得庆幸的是,就在静安寺建筑设计落马的同年,静安寺地区城市设计的主持建筑师卢济威教授参与静安寺广场设计的投标,最后中标,该方案最大的亮点——不凸显广场自身,很好地完成了协调地铁交通、静安公园、寺庙、高层建筑之间关系的使命[2]。

---

[1] 此内容将在第 3 章详细介绍。
[2] 参见附录 G1《对静安区规划局徐蕙良副局长的访谈记录》。

2.4 1995年后静安寺地区其他相关城市规划与设计

石灰建造的城市菲朵拉的中心有一座金属建筑物,它的每间房内都有一个玻璃圆球。在每个玻璃圆球里能看到一座蓝色的城市,那是另一座菲朵拉城的模型。菲朵拉本可以成为模型里的样子,却由于种种原因变成了现在我们所见到的模样。在每个时代里都有某些人,看着当时的菲朵拉,想象着如何把她改建成理想的城市,然而当他们制作理想城市的模型时,菲朵拉已经不再是从前的城市,而那个直至昨日还是可能的未来城市也就只能成为玻璃球里的一件玩具。

——伊塔洛·卡尔维诺(Italo Calvino)《看不见的城市》

每一代人根据自己的喜好,描绘自己的理想城市图景。但这些美好的图景,有的已成为今日城市的一部分,有的却只能成为"玻璃球里的蓝色城市",供人们回味。

静安寺地区城市设计之后,由于种种原因,由不同的职能部门组织了十多次不同目的、不同范围、不同设计单位参与的城市规划、城市设计和景观设计。但是只有1998年最终定稿的《静安寺地区城市设计》和2002年《静安寺南京西路发展规划》真正得到了贯彻落实,对这个地区的城市面貌起到了巨大的推进作用。

以下表格列举了设计范围与本案相近,且涉及内容与本案相关的设计案:

表 2－1 1995 年后静安寺地区的相关城市规划与设计

完成时间	规划名称	组织单位	设计单位	用地面积（ha）
1996.3	上海市静安寺地区城市设计	静安区规划局	上海同济城市规划研究院	34.4
1996.6	南京西路沿线城市设计	静安区规划局	上海市城市规划研究院	213.9
1998.6	静安寺地区总体规划	静安区规划局	上海市静安区规划局、上海同济城市规划研究院	91.1
1998	上海市静安寺地区城市设计（调整）	静安区规划局	上海同济城市规划研究院	34.4
2002	静安寺南京西路发展规划（规划局整合文本）	静安区规划局	上海市政府发展研究中心、美国 Gensler 公司、戴德梁行国际咨询行	180
2002	静安寺地区地下空间开发总体设计方案	静安区民防办	不详	不详

完成时间	规划名称	组织单位	设计单位	用地面积（ha）
2004.5	静安公园地铁枢纽及地下空间开发城市设计	静安区地铁办	同济大学建筑设计研究院、同济大学建筑城规学院城市设计研究中心	33
2004.12	静安寺地区地下空间的实施性规划	静安区规划局	上海市政工程设计研究院、日建设计	69
2005.5	上海市静安寺地区城市设计调整	上海市规划局	同济大学建筑城规学院城市设计研究中心、上海同济城市规划研究院	31.8
2005.12	静安南京西路街道道路交叉口街景规划	静安区建交委	加拿大 C3 城市规划及景观建筑设计事务所	
2007.11	静安区交通综合规划	静安区交通管理中心	上海市市政规划设计研究院	157.7
2007.12	静安区控制性详细规划	静安区规划局	上海市城市规划研究院	157.7
2008.8	静安寺空间环境研究	静安区规划局	同济大学古建专家路秉杰教授	1.0
2008.11	静安寺地区节点城市设计国际方案征集（第一轮）	静安区规划局	日建、hassell、柏城、思纳熙三、ARCOP	19.2
2009.2	静安寺地区节点城市设计国际方案征集（第二轮）	静安区规划局	日建、hassell、思纳熙三	0.28
2009.4	静安寺地区道路交通组织与改善研究	静安区建交委	上海市政工程设计总院	不详

　　1999 年静安寺地区（34.4 km²）的基本空间结构全部落实完成投入使用，2002 年越洋几经换主后也敲定发展商。静安寺这个发展龙头已顺利完成，"龙抬头，龙动身"，轮到静安南京西路这条巨龙动身的时候了。在邀请上海市政府发展研究中心、美国 Gensler 公司、戴德梁行国际咨询行三个实力单位分别对南京西路的发展政策、城市设计、产业集群及物业发展进行研究之后，《静安西路发展规划》终于出炉，由此，静安区城市建设由"静安寺时代"进入了"南京西路时代"。

本章小结　穿针引线——历史的脉络

　　回归历史和文献,摸索城市发展的脉络,介绍当时当地的城市设计,这是本章的主要内容。静安寺地区城市设计是上海城市建设大的历史洪流中的一朵小浪花。本章从整个上海的城市发展回顾开始,引出静安寺地区城市设计的"源"。对比 1995 与 2011 年的静安寺地区平面图,城市肌理之变化极其显著(图 2-33)。

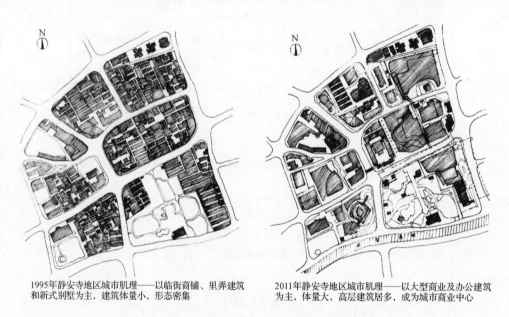

1995年静安寺地区城市肌理——以临街商铺、里弄建筑和新式别墅为主,建筑体量小,形态密集

2011年静安寺地区城市肌理——以大型商业及办公建筑为主,体量大,高层建筑居多,成为城市商业中心

图 2-33　1995 年与 2011 年静安寺地区平面图对比

　　1995 年城市设计介入,引起城市空间的一次巨大变革。随后的 15 年间,城市沿着原设计的框架逐渐成形,下图呈现的是静安寺地区城市空间形成过程:

图 2‑34　1995—2011 年静安寺地区城市空间生成过程图

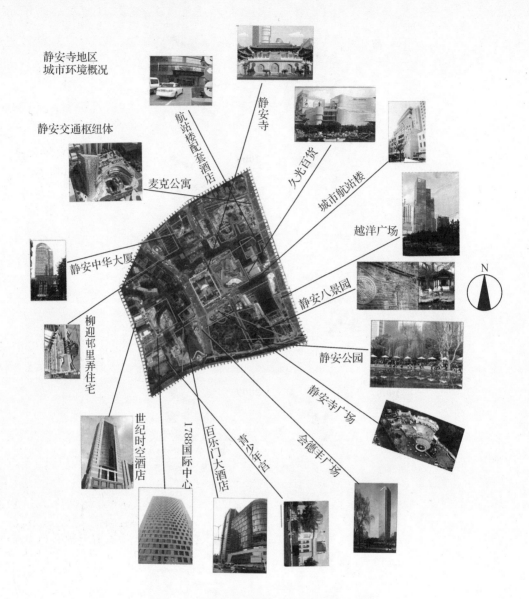

静安寺地区
城市环境概况

静安交通枢纽体

航站楼配套酒店

麦克公寓

静安寺

久光百货

城市航站楼

越洋广场

静安中华大厦

静安八景园

柳迎邨里弄住宅

静安公园

静安寺广场

世纪时空酒店

会德丰广场

1788国际中心

百乐门大酒店

静安年宫

N

图 2 - 35　静安寺地区建成建筑位置图（2011）

3 故事——静安寺城市设计十五年

如果说静安寺地区城市建设是一幕耗时 15 年的开发大戏,那么十五年间陆续参与戏中的规划管理者、开发商、建筑师、城市设计师、静安寺方丈、本地居民则是其中的演员。故事,就在这些角色的博弈中展开。

3.1 "发动机"——地铁 2 号线静安寺站的建设

静安寺地区城市设计的设计师卢济威教授曾在介绍这个项目时戏称:"地铁静安寺站就是静安寺地区的发动机,而静安寺地区城市设计的目的就是使这台发动机高效工作。"这是一个经典的比喻。可以说,没有地铁静安寺站,就没有静安寺地区的城市设计,没有那个黄金时段的静安寺地区大发展。

3.1.1 创新的开发模式

1995 年 4 月 10 号,地铁 1 号线建成通车。上海市开始地铁 2 号线的筹建工作。1 号线由德国人设计,而 2 号线是中国人自己设计的第一个地下铁路线路。1 号线全部由上海市政府出资建设,而 2 号线由市区两级政府共同投资,即政府出资修建轨道段,站点所在区政府出资建设地铁站点。2 号线在静安区有两个站点——静安寺站和石门一路站。

地铁站点由区政府直接负责,给地铁周边的城市建设带来机会的同时,也给区政府带来了巨大的经济压力。静安区政府两座地铁站建设总概算 14.8 亿元,资金分三大块筹措:

- 市、区土地批租各返回 4 亿元;
- 浦发银行贷款 5 亿元,年利率 15%,期限 15 年;
- 自筹资金 1.8 亿元,主要通过向各大银行及区土地控股公司借贷。

为了减轻政府的财政压力,静安区地铁和城市开发实行了一种特殊的管理运作模式——重大工程建设与市场化运作相结合。

静安区在地铁 2 号线的建设中尝试使用这种操作模式,取得了良好的效果,于是在接下来的静安寺地区城市开发以及几年后的南京西路开发中一直沿用这种模式。这种操作模式常常被称为"一套班子两块牌子"。

1. 一套班子两块牌子

1996年3月下旬,上海市地铁2号线建设静安区指挥部成立,下设办公室,简称"地铁办"。负责静安区段地铁建设的全面协调事宜。

1997年9月区委区府决定以地铁办为基础,成立上海锦迪建设开发有限公司(以下简称"锦迪公司"),注册资金为5 000万元。地铁办与公司合署办公,即一套班子两块牌子。

这种开发模式引自香港,其特点是将地铁和周边地块统一开发、同步建设,在地产开发的基础上保证地铁建设资金的来源,通过对周边土地的统一规划设计提高城市土地利用率和地区交通便捷度,并且在土地转让过程中实现盈利。静安区政府引进了这种开发模式,将地铁建设和周边土地开发全部交由锦迪公司负责,政府在地铁建设中起到支持和监督作用。这种模式大大减轻了财政支出。

锦迪公司不仅负责建成地铁静安寺和石门一路站及总投资为8 000万的静安寺广场,还实施了"上海浦东国际机场城市航站楼""上海久百城市广场"的项目引进和地块招商工作,帮助促进这两大项目在静安寺地区的入驻和顺利进展。2003年,公司又着手地铁7号线静安区段的前期工作。公司下属的锦顺物业管理有限公司承担了静安寺广场日常管理工作,使静安寺广场在建成后得到了高效的管理和积极的利用。

2. 考虑地区未来发展,地铁线路改道

按原2号线静安寺站站址方案,车站设在静安公园内而不是南京西路。这样的设计能保证动迁量小,但有两个不利因素:

第一,静安寺公园的32株悬铃古木会遭到破坏;

第二,对公园东西地块的开发极为不利,如现在的会德丰广场、越洋国际广场甚至是嘉里中心,都将不可能实现。因为地铁线路经过这些地块地下,限制了地块开发。

静安区政府希望说服市政府,修改2号线在静安区段的线路。地铁办提出原线路的两个缺点,同时用具体的城市设计图纸直观说明线路改道后的优势,得到了市政府的支持。最终地铁2号线静安寺站移至南京西路下方,静安寺地区开发得以顺利开展。

3. 地铁开发组合与地区开发组合

静安寺地区城市设计方案由区政府四套班子通过后,1997年7月区政府组织成立了静安寺地区综合开发办公室(简称"静开办"[①]),主要职责是从规划设计、功能布局、开发建设、招商引资、政策扶持等各个方面协调推进项目进展。1999年地铁建成通车后,借鉴

---

① 静开办2007年5月正式撤销,但是自2002年静安区开发重点转移到南京西路全线开发后,这个部门已经名存实亡,不再对静安寺地区城市设计的控制起到实质作用。其实这个时候,静安寺地区的前期土地归属问题和方案问题已经解决,剩下的单独审批就归到各部门内部处理了。

地铁开发的运作模式,上海静安城建配套发展公司(以下简称"配套公司"①)与静开办联合,静安寺地区第二个"一套班子两块牌子"的组合诞生。配套公司在静安寺地区城市设计中发挥了极大的作用:建造了具有 250 余停车泊位的静安寺立体停车库;除市政项目的动迁外,还完成了 125 号地块、88 号地块、航站二期配套工程地块等动迁任务;并参与静安寺地区综合开发,承担了静安古寺环庙商业区以及静安交通枢纽的建设任务。

这两个部门有共同的结构和运作模式,即重大工程建设与市场化运作相结合的模式。地区开发组合由区政府直接领导,负责静安寺地区整体的城市建设协调,而地铁开发组合只负责与地铁相关部门的开发。但是由于静开办负责的事务中有一部分是与地铁开发有关,在与市政府的协调过程中需要地铁办的配合②,因此地铁办主任同时也担任静开办的副主任,方便沟通。

值得注意的是,1995 年地铁 2 号线筹建前,为了协调建设中遇到的问题、顺利推进工程建设,线路经过的各个区(长宁区、静安区、黄浦区、浦东新区等)分别成立了地铁办,这是个临时的部门,地铁建成后即撤除。但是静安区地铁办运用了重大工程建设与市场化运作相结合的管理模式,使得本区的地铁开发建设与其他区产生了明显差别,并且在完成地铁 2 号线建设后一直保留。

在这种企业运作的模式下,静安区政府对相关的配合公司给予一定的财政支持,帮助其解决部分资金问题。例如政府对锦迪公司的地铁开发提供了贷款贴息等支持方式。锦迪公司在 1998—2000 年间完成建设和动迁任务之后回收了资金并取得了一定的盈利。

3.1.2　独特的地铁出站口——静安寺广场

位于地铁 5 号口的下沉广场建筑设计项目由卢济威教授中标。1998 年 3 月 31 号奠基启动,1999 年 9 月 15 号竣工。

广场地块动迁时拆除了大量民房和商店,计划建造静安寺商业中心。近 1 公顷的拆迁用地该如何使用?这个问题引起设计师的思考:是批租给房地产商建房还是营造公共

空间供市民享用？是做壮观的几何广场还是生态的绿化广场？面对大城市中心区的矛盾，综合考虑组织地铁交通人流、完善生态环境、平衡开发量以及促进地区兴旺吸引人流等因素，设计师决定将该地块设计成生态、高效、立体型的下沉广场综合体，取名为静安寺广场。它占地8 214.6 m²，包括下沉广场、地下商业用房、华山路地下过街道的预留通道、地铁风井空间和地铁站残疾人电梯等。其中下沉广场面积2 800 m²，由广场、半圆形剧场和柱廊、大踏步组成；地下商业用房8 215 m²，分两层布置，主入口面对下沉广场，并在华山路上设服务出入口。

这个方案之所以中标，就是因为"它对自我定位的认知"[①]。设计师不盲目追求广场的宏大气魄和主导地位，而是努力创造绿色生态化、多功能高效化和地上地下一体化特色的复合功能的市民空间。静安寺广场设计策略有三：

1. 绿色生态化

基地原有的商店与民房拆除后建成绿地，与静安公园联成一体，并与北侧的静安古寺一起形成地区的空间核心。地下商场上覆土2～3 m种植乔木，使公园形成山林地貌。下沉广场还力求成为公园绿地的延伸，避免成为坚硬的凹坑。在东侧，结合踏步、小卖部屋顶等做成台阶式花台，杜鹃花随阶跌落；在广场的南侧中部，从外地移植了三棵直径约30 cm的香樟树，增加广场空间的立体效果，再加上四周花槽藤蔓下挂，使下沉广场绿意盎然。

2. 多功能高效化

静安寺广场从设计开始，就将提高效率作为目标。广场将交通集散、商业购物、文化观演和旅游观光等功能结合起来。

3. 地上地下一体化

地铁站的风井和热泵等工程设施均位于静安寺广场的周边，对广场的景观与造型有极大的影响。过去这些工程设施构件往往暴露于地面，然后再涂脂抹粉或四周植树，从高楼上看却一目了然。本次设计一改以往先地下后地上的做法，充分研究地面环境特征，统一考虑结合排风口组织两个不同标高的喷水池，使其成为城市的景观点。将牵引变电的空调热泵布置在残疾人电梯亭下面，地铁站厅顶板的上方运用热压自然通风的原理，在两侧墙上设进风口，在小亭的顶部设排气口，使热泵处在良好的气流组织之中，保证热气顺利地排出。

---

① 这是静安区城市规划管理局副局长徐蕙良回忆当时方案中标场景时对卢教授的静安寺广场的评价。

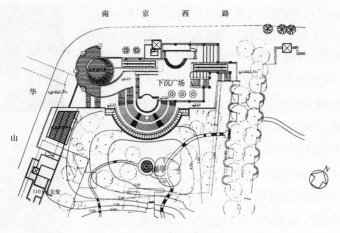

静安寺广场总平面图

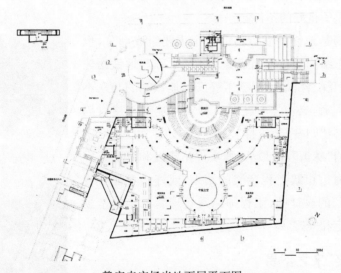

静安寺广场半地下层平面图

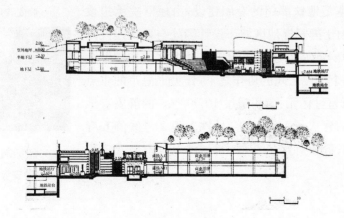

静安寺广场剖面图

图 3-1　静安寺广场设计图纸

静安寺广场建设的成功与城市设计机制的实施有紧密关系。完成于 1995 年的城市设计首先保证了该地块及其周围用地的统一筹划,打破土地使用权的界限,综合考虑城市公共空间、城市绿地和房地产开发商方面的需求,将静安公园一直延伸到商场的屋顶上,形成起伏地形的绿地;其次在设计组织上本属不同系统的工程项目,通过城市设计范围管理机构的组织协调,对地下与地上进行统一交叉设计。例如通风井,先由地铁站设计者提出风井进、出风口的系统方案,然后广场设计者进行地下地上统一的建筑设计,接着由地铁站设计者制作结构施工图,最后广场设计者完成装修设计,这样的机制使城市形态要素获得统一,为创造宜人的城市环境提供了良好的条件。

静安寺广场日景图

静安寺广场是地铁静安寺站的一个重要组成部分,也是城市设计形态结构的重要组成要素。该工程与地铁站建设同步施工,相互配合,最后成就了静安寺地铁站的与众不同。而但凡不同者,必有不易之处。静安寺地铁站建设周期,长达五年大概"归咎"于这样"生事"的一个城市设计,带来种种没有过的"麻烦",而最后,静安寺站建设和静安寺广场同时拿到上海市市政工程金奖的结果,或许是对那些曾遭遇无数"麻烦"的设计师、工程师以及管理者五年的辛勤汗水最大的肯定和安慰①。

静安寺广场(1)

静安寺广场(2)

3.1.3 "金奖"来之不易

地铁工程本是地铁部门的专职建设,由地下院承担设计工作。但是由于静安寺地区城市设计多处与地铁建设产生关联,因此静安寺站的建设协调工作量大大增加。但是无论如何,在各个单位之间的协作之下,作为上海市的重点工程、投资金额超过亿元、面积超过 10 000 m² 的静安寺地铁站还是完美的建成了。2000 年,地铁工程 2 号线静安寺站、石门一路站、静安寺广场三项工程获"上海市市政工程金奖"。

静安寺广场(3)

静安寺广场(4)

图 3 - 2 静安寺广场建成效果图

---

① 在采访当年地铁办参与协调静安寺站建设的官员时,他一再强调:我们获得金奖,不光是因为精心的设计,还因为我们过硬的施工质量,优质的施工材料,每一个细节都是优质的。

静安寺地铁站建设工程于1995年12月开始进行初步设计，1996年10月正式进入施工图设计阶段，工程于1996年12月下旬举行开工仪式，由上海市隧道股份有限公司第五项管部承担施工。时间紧迫，基本是边设计边施工。

静安寺站与周边地区的开发相结合，增加了设计协调的工作量，地下院作为操作主体，与同济城市规划设计研究院、华东建筑设计研究院、第九百货大楼项目部以及静安区开发办等单位进行协调。静安八景位置的确定经过一再修改才确定；各出入口风井的建筑方案根据地面的实际条件进行了多次修改，特别是西风井的建筑方案改过七八次。

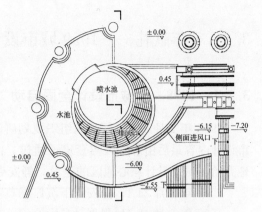

图 3-3-1　地铁站通风井平面图

1998年10月，工程进入到建筑装饰、机电安装全面施工铺开阶段，但由于静安寺地区城市设计要求，地铁的风井、出入口部分

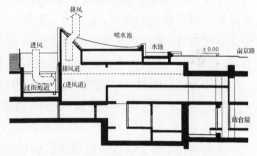

图 3-3-2　地铁站通风井剖面图

与下沉广场景观相结合，这部分图纸需由地下院与广场建筑设计师协作完成。受地面建筑方案的设计、配合、协调、审批周期等诸多因素的影响，施工图的设计工作陆陆续续，延长到1999年3月才全部结束。不仅在配合图纸方面，在技术方面，静安寺广场的建设也对2号线的施工造成一定影响。例如：由于静安寺广场的特殊设计，地铁站风井、出入口、牵变、电缆通道等也分别采用了不同的围护形式设计。静安寺站历时五年建成，涉及土地开发、管理运作模式、市区两级政府、静安寺广场等诸多问题，静安寺广场和静安寺站是在对这些问题的创新解答的基础上建成的，因此，金奖来之不易。

静安寺地铁站这台强大的发动机，在地铁2号线1999年9月20日启动运行十三年后的今天，在轨道交通已四通八达的大上海，仍兢兢业业地为静安寺地区的繁荣昌盛源源不断地提供着能量。

3.2 千年献礼——1999 城市设计体系基本成型的一年

3.2.1 1998——城市设计全面启动

1998 年 2 月 27 日,区政府组织规划研讨会;紧接着 3 月 19 日组织了规划论证会;城市设计内容最后由静安区四套班子通过。由于时间紧迫,政府未等上级批示,迫不及待地开始了城市设计核心地区的建设。静安寺地区城市设计全面启动:

1998 年 3 月 31 日,静安寺下沉广场奠基;

1998 年 5 月 15 日,规划动员大会召开。区长姜亚新在规划动员大会上对政府各部门领导发言:"静安寺地区综合开发是我区今后 5 年区域经济发展的重中之重,静安寺地区是静安南京西路的龙头,龙抬头,龙动身。集中力量改造开发静安寺地区……要在短短三五年内,把这一地区建设成繁华开放的都市商业中心!"。区长要求各部门要整体合力,各责任单位要识大体、顾大局,在建设过程中坚持高起点、创特色……

1998 年 11 月 16 日,静安寺改建工程启动;

1998 年 12 月 10 日,静安寺公园封园重建,由原本封闭式公园改为开放式都市绿心;

1998 年 12 月 23 日,机场城市航站楼用地举行签约仪式,参与签约的三方分别是:浦东机场负责人、地铁办代表、静开办代表。机场城市航站楼成为静安寺地区的又一重要组成因素。

通过 1998 年紧锣密鼓的筹备,关系到城市结构的重要工程一一落实开工,为的便是在 2000 年新年钟声敲响前为新千年献上一个崭新的静安。

3.2.2 1999——千年献礼

1999 年是 20 世纪的最后一年,新的千年即将到来,这一年也是新中国 50 岁生日的一年。这一年,对中国而言非同寻常。

在新中国 50 岁生日前的那个 9 月——1999 年 9 月,静安寺地区迎来了最为密集的竣工典礼:

1999 年 9 月 10 日——延安高架华山路口设有自动扶梯的人行天桥建成使用;

1999 年 9 月 15 日——延安高架正式通车(图 3-4);

1999 年 9 月 15 日——静安寺广场落成典礼;

1999 年 9 月 20 日——地铁 2 号线建成试运行;

1999 年 9 月 25 日——静安公园建成开放。

紧接着,1999 年 12 月 31 日上午,久百城市广场奠基开工;

1999 年 12 月 31 日晚上,迎接新千年的大型倒数活动在静安寺广场举行。

图 3‑4 1999 年延安高架通车盛况

至此,静安寺地区城市设计所确定的核心结构,在 1999 年的国庆前夕基本建成。公园、广场、寺庙、地铁、高架形成的地区城市特色显现出来,而这些公共设施以及文化设施的建设显著提高了周边地块的价值。

这一个世纪交给下一个千年的,是一个充满希望的静安;这一届政府交给下一届政府的,是一个大势已成的静安。如果说静安寺地区城市设计 15 年的经历是一曲波澜起伏的华丽乐章,那么 1999 年这一年,无疑是这曲乐章最醉人的高潮部分。

3.2.3 成为经典——静安寺站 & 下沉广场

静安寺下沉广场建成后,迅速成为全国乃至友国争相学习的典范。这一年的报纸上,不断刊登各地政府以及多国团体相继来访并对地铁站与下沉广场的创新设计给与赞叹的报道(图 3‑5)。

【北京市考察团参观地铁静安寺站】对出入口(下沉广场)给予很高评价,认为思路新颖,值得借鉴。

【泰国交通部长一行来访】称赞下沉式广场有创意,有特色。

【全国部分城市政协委员参观静安寺广场】

静安寺广场是上海著名的三大下沉广场之一。1999年至 2000 年间,广场接待了数以百计的政府参观团体。时至今日,仍有天津、四川等各地领导团体慕名而来,参观学习。广场自建成至今,举办了无数场大型商业、文化活动,有话剧表演、音乐表演、节庆活动、美食节、世博各

【北京市考察团参观地铁静安寺站】 5月2日,北京市副市长汪光焘和各区区长一行20余人在市建委副主任谭启坤等有关领导陪同下,来地铁静安寺站工地参观考察。考察团一行听取工作建设情况介绍,参观静安寺站的站厅层、站台层以及正在建设中的静安寺广场,对出入口能与城区开发相结合、与娱乐、休闲相结合给予很高评价,认为思路新颖,值得借鉴。

(沈蓓菁)

【泰国交通部长一行来访】 7月18日,泰国交通部长巴立一行20余人在市地铁指挥部指挥石礼安,副指挥朱沪生等陪同下,参观地铁静安寺站和下沉式广场,对工程质量和进度给予较高评价,同时称赞下沉式广场有创意、有特色。 (沈蓓菁)

图 3‑5 摘自《静安年鉴》

国演出、名人签售、选秀活动现场等。而最重要的是,广场为市民提供了一个舒适的休息空间,曾被评为全国文明广场的静安寺广场,如今已是静安区的地标之一。

3.3 权力游戏——城市广场变小的背后

"当权力遭遇更为强大的权力时,不是反对,而是妥协。"

——《The Power Broker》

3.3.1 失控的6-2地块

静安寺地区城市设计中6-2地块方案几经反复,最后彻底失控。6-2地块是静安寺地区城市设计中涉及矛盾最多的开发项目。

地铁站、静安寺广场、静安公园、延安高架等政府项目都在1999年按计划建成,而针对久百城市广场、静安寺、城市航站楼等非市政建设项目所制定的城市设计控制准则,却在之后的建设中进行了极大改变——静安寺与久百城市广场之间的绿地与庙弄("园包寺"设计理念的体现,图3-6)被合并成3 500 ㎡的步行街,而3 500 ㎡的步行街最后也缩减为2 100 ㎡,位于综合体中间1 200 ㎡的开放中庭广场更是彻底没有了。这些开放空间到底是如何一步步被吞噬的呢?

九百集团是静安区的老牌国企,在城市建设中努力争取扩大经营,得到了区政府的大力支持。由于是本区的重点扶植企业,静安区整个地区开发也对九百集团给予了极大的政策优惠,政企之间达成了一种长久的互惠关系。

九百集团负责人对静安寺地区城市设计的内容并不陌生,对卢济威教授提出的目标策略表示认可。集团负责人对卢济威教授极其信任,希望其推荐建筑师对久百城市广场综合体进行建筑方案设计。由于美国捷得国际建筑师事务所在商业综合体设计上表现出的高素质,卢济威教授将其推荐给了九百集团,建筑师就此敲定。也正由此,杰德对卢济威教授城市设计所提出的设计要求和设计策略相当重视,这也是其后的建筑设计成功的原因之一。

图3-6 "园包寺"方案图

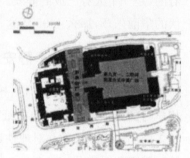

图3-7-1 原城市设计方案

图3-7-2 寺庙商业面积向九百转移示意图

1997年浦东机场落户6-2地块,将原本计划统一开发的土地切出一块(图3-8),由国有资产浦东机场建设集团开发。这本是一件值得静安区政府庆幸的事。

然而,亚洲金融危机到来,九百集团建设资金短缺。由于政府对"城市新形象早日形成"的急切盼望,久百城市广场项目正常奠基启动了,但是建设却一拖再拖。而这时浦东机场建设集团却迅速投入了城市航站楼的建设。

图3-8-1　1995年地块划分图（6-2地块）

机场建设属市重点工程,其决策权出上海市政府掌控,当设计方案全然忽视城市设计建设中庭广场的要求反将建筑占满整个基地并高于限制高度时,静安区的城市设计导则对其不起制约作用,区政府对此无权干涉,只好妥协。城市航站楼由此"吃掉"了6-2地块一角,但这也还不足以导致中庭广场的整体沦陷。

2000年底九百扩大建设面积,由于处于静安寺旁,不允许高度上的过分凸出。因此,减掉中庭广场面积改为布置入口小广场。这一决定并不是简单的商业利益最大化的结果。九百能顺利扩张,是得到了静安区政府的大力支持甚至是政府所"期望"的。政府为何要支持九百扩张呢?

图3-8-2　1998年地块划分图（6-2地块被切割成三块）

原来1997、1998年的经济危机及接踵而来的房地产市场大萧条,致使原本计划5年建成的大部分项目缓建或撤资。当时上海市旧城改建中大部分投资商为外资企业,静安寺地区建设也不例外。因此,外资的不稳定性在经济萧条时表现得极为明显,会德丰广场等外资项目整体瘫痪。面对拆平的静安寺地区,除了政府投建的广场和公园已建成,航站楼在建,可以想见大片区域破败甚至空白的面貌给区政府带来的焦虑。城市形象一日不形成,政府领导一日无法安心。

图3-8-3　久光扩张用地后地块划分图

于是,振兴静安的重任便落到了"嫡亲"企业九百集团身上。经过对未来发展趋势的研究,为了补足会德丰、太平洋等缓建引起的地区商业弱势,久百城市广场扩大建设面积顺理成章,并且还合并了原本分两期完成的建设于一期,也因此造成了建设资金短缺的现象。

2002年,九百集团积极联系香港崇光,期望其参股,获得资金补全。这时上海房地产市场已初步回暖,崇光于年中同意合作,大量资金注入。崇光是老牌百货集团,其加入无疑是久百城市广场危机中的救命稻草,对静安寺地区的城市建设也颇有贡献。即使崇光负责人提出进一步减小步行街面积,区政府也会尽量提供"方便"。公共空间就这样一步步被吞噬……

这场复杂的权力游戏中,却有一个看似不起眼的角色在为公众争取更多更舒适的公共空间,这个角色就是久百城市广场的建筑设计师。建筑师或许不是主角,没有左右剧情的能力,然而一点小小的力量也足以改变城市的某一个部分,建筑师并没有放弃这一点弱小的权力。

面对甲方一步步减小公共空间以及彰显商业综合体独特形象的要求,建筑师并没有全盘接受,而是通过巧妙的设计获得了回旋的余地——通过空间处理,将入口广场与步行街结合,并设置了大台阶直达二层,在二层商场入口设置另一层次的公共空间——二层绿化平台,同时在台阶、平台及立面开口的处理上都与对面的静安寺广场和静安公园产生呼应;另外,在造型上并没有突出商业综合体,而是努力以弧形退台的形式迎合静安寺层叠的弧形屋顶,同时也赋予了建筑鲜明的个性。

3.3.2 静安寺庙弄步行街——一位尴尬的幸存者

当初并没有庙弄一说,城市设计将其提出——恢复古时的庙弄空间做成绿化步行街,这样南与静安公园保留的梧桐大道对接,北与胶州路串联,形成一条通路(图3-10)。

由于商业面积扩大的需要,环庙绿化取缔,原本与胶州路和梧桐大道对齐的步行街向西偏移,一条连贯的人行路线的中间段被切掉平移了(图3-11)。不仅如此,原计划与步行街形成"T"形开放空间的中庭广场最后也变相被商业空间吞没。至此,与步行街对应的道路及广场设计全都停留在历史图纸里,15年后的人们只看到一条孤零零只有几十米长的步行街,生生的夹在人来人往的现代商业广场与历史悠久的古寺中间,尴尬凄凉。

而原本它的存在,却是为了在繁华的现代商业中心与需得宁静的古寺之间形成一个

图3-9-1 6-2地块城市设计平面图

图3-9-2 6-2地块建成平面图

图3-10 1995年庙弄步行街设计图

柔软的缓冲,而这个"柔软"的缓冲,却被久百的商业利益"生硬"取缔。

3.3.3　一波三折——多方博弈

6-2地块的建设持续了10年才最终结束,城市航站楼、久光百货、庙弄步行街和城市航站楼二期配套酒店在10年间陆续竣工。正是由于建设周期跨越较大,建设控制变得困难,公共空间被一步步吞噬,最后消失。

图3-11　建成后步行街错位示意图

表3-1　6-2地块分期建设表

建筑名称	建设历程
久百城市广场	1998年6月取得开发权; 1999年12月31日奠基; 2001年6月1日打下第一根桩; 2002年6月10日土建结构封顶; 2004年6月25日全面试营业
城市航站楼	1998年12月23日用地签约; 2000年5月18开工; 2001年12月竣工; 2002年6月机场2号线迁入航站楼,9月正式启用
静安寺(庙弄)步行街	2002年方案设计; 2003年12月25建成; 2004年5月1日正式开街
城市航站楼二期配套酒店	设计经历多次重大调整; 2004年动工; 2008年4月开业

市、区两级政府,城市设计师、建筑师,市、区规划局,因资金投注量不同而拥有不同控制能级的开发商在此间博弈,最终市民的公众利益被侵蚀;政治体制、管理体制、经济环境、政府官员的政绩追求等因素共同影响着城市建设的进展。10年间的6-2地块城市设计实施是一场权力游戏,最终的建成效果是权力较量的结果。

3.4　住持方丈的5米之争——静安寺的修建风波

静安寺有1700余年的历史,20世纪经多次维修:

1946年,古寺新山门建成,寺僧在泉旁兴建一阿育王式梵幢,并疏浚涌泉。

1966年9月,"文化大革命"时期,梵幢被毁,涌泉被填,主持被迫害。

1983年,定为全国重点寺庙之一,政府拨款30万元修复。

1990年,全部修复,但建筑被商店和小学包围,几乎没有城市界面。

1995年静安寺地区城市设计将古寺从商店与学校的包围中脱出,成为静安寺地区最显眼的地标。为了让地区形象尽快形成,政府计划3年重修静安寺,但因方丈坚持静安寺需香火不断,不可全部拆除大兴土木,则以逐一修建的方式改建。自1998年至今,已先后完成山门、钟楼、鼓楼、大雄宝殿、东厢房、西厢房、正法久住、静安佛塔、法堂(含金佛殿、知恩阁、报恩阁)和愚园路商业综合楼等10幢建筑单体,并已投入使用。整个改建工程总建筑面积达2.2万 m²。

静安寺改造工程是静安寺地区城市设计中重要的组成部分,关系到静安寺地区的整体城市面貌。而静安寺的方丈慧明大和尚,在此工程开展的十几年中,成为影响静安寺建筑形态的关键性因素。方丈在人们的眼中是超脱世外的隐士和解救众生的善者,而静安寺改建工程中主持事务的慧明大和尚(后升为静安寺方丈)却"突破"了人们对"方丈"一词的理解。

3.4.1 方丈其人

慧明法师,1968年生,1995年任静安寺监院。1996年至1998年任上海佛教协会副秘书长、副会长。2000年任静安寺住持。2003年任上海市第12届人民代表大会代表。2009年获得复旦大学博士研究生学位证书。慧明法师名为"如是我闻"的个人网站使得方丈大师不再是人们想象的隐世之人。

方丈大师怎会为5 m地与人相争?

1992年,改革开放的总设计师邓小平发表南巡讲话以后,中国进入了经济大发展时期。静安寺僧众和广大社会信众借此期望寺庙早日改扩建的凤愿也日趋成熟。1995年上海地铁2号线

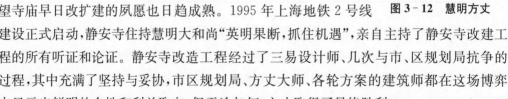

图3-12 慧明方丈

建设正式启动,静安寺住持慧明大和尚"英明果断,抓住机遇",亲自主持了静安寺改建工程的所有听证和论证。静安寺改造工程经过了三易设计师、几次与市、区规划局抗争的过程,其中充满了坚持与妥协,市区规划局、方丈大师、各轮方案的建筑师都在这场博弈中显示出鲜明的个性和利益取向,但无论如何,方丈取得了最终胜利。

3.4.2 住持方丈的5米之争

1998年城市设计定稿,同济大学路秉杰教授与卢济威教授一同设计了静安寺改建方案,方案充分结合地铁以及周边城市环境设计,建筑形态丰富,制式完整。静安寺建筑设

计有几点精妙之处：

1. 古寺抬高在一层基座上以免被周围建筑淹没,同时可借此开发利用地下空间:静安寺主轴线上自南而北不断升高,以增加大殿的高大雄伟的气势。大雄宝殿下部置弘法讲经堂(地面层),丹墀下布置宗教文化展览厅(半地下层)并利用夹层布置自行车库。

2. 华山路地铁出入口巧妙地设置在钟鼓楼下方,既避开了南京西路正门,建筑立面形式也得到了丰富。

3. 商业的安排:静安寺西侧沿华山路布置商店经营与宗教文化有关的商业,同时其地下一层也设置商店,由于与地铁站厅层有通道相连符合人们的城市行为,增加有效有商业空间。

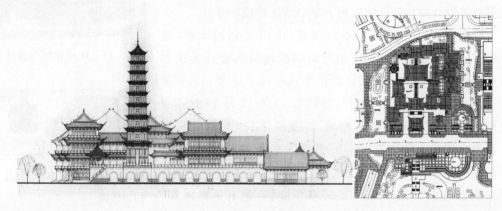

图 3 - 13　1995 年静安寺立面图、总平面图

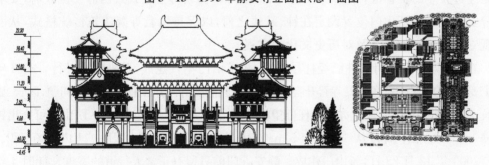

图 3 - 14　1998 年静安寺立面图、总平面图

最初的方案考虑到静安寺门前需要一个小型的广场以缓冲特殊日期的大量人流,但慧明方丈认为这样的设计缩小了静安寺的使用空间,即将静安寺的土地无偿贡献给了城市。于是两位设计师提出解决方案,即将钟鼓楼搬到山门前并且底层架空,这样既保证了静安寺建筑形制的完整,架空的部分也能形成静安寺与南京西路之间的过渡空间。但是方丈仍然坚持山门紧贴建筑用地红线建设,即按照城市规划条例的要求,多层建筑退后道路红线 5 m。

在是否形成入口广场——即建筑退后红线多少的问题上,卢老师坚持不能推前,而慧明方丈也坚持只退后 5 m，如此僵持不下。慧明找市规划局理论，但市规划局支持卢老师的想法，认为静安寺作为旅游景点，门前按常规应设置公共空间。区政府在这件事情上左右为难，一方面对城市设计方案持支持态度，但另一方面，静安寺地区建设的"五年目标"（大型项目建成和基本建成、静安寺地区形成"双心、内圈、五区"的总体功能布局）要求静安寺的钟鼓楼和山门在预计时间（2 年）建成，如果方丈对于山门位置不满意而一直僵持，静安寺山门会一直处于缺位状态，对整个地区的城市形象不利，因此区政府希望山门早日建成，其他方面可以协商（妥协）。

在这种情况下，建筑师与方丈一拍两散，建筑设计改换华东建筑设计研究院接手①，对山门位置的讨论暂且搁置。建筑总体设计需立即开始以跟上整个地区建设的步伐。

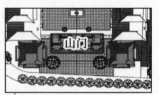

图 3 - 15　1998 年城市设计山门位

静安寺改建工程是市重点项目，由市规划局审批，受"法轮功"事件的影响，政府当时对宗教建筑的设计要求非常严格，限制因素较多，仅规划报批就经过了 2 年，1998 年 11 月奠基的静安寺改建工程，直到 2000 年 12 月 14 日才通过初步设计方案，改建工程启动，钟鼓楼开工。但山门位置一直没有确定。随着"法轮功"事件的乌云散去，规划局对宗教建筑的审批政策也逐年放宽。慧明希望借助佛教协会对市规划局施加压力，期间经过多少曲折，笔者不得而知。

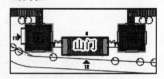

图 3 - 16　2011 年现状山门位置图

但是经过 4 年的拉锯战，2003 年 1 月 9 日，上海市佛教协会正式致函静安区政府，要求将静安寺改建后新山门位置设定在钟、鼓楼之前，以保持佛教寺院建筑传统格式，从而体现党和政府宗教政策及对历史文化的重视。

静安区政府为山门事件已经耗尽精力，为求山门早日建成，妥协势在必行。2003 年 2 月 12 日上午，区政府在静安寺召开会议，重点研究静安寺改建工程山门定位问题，区长、副区长、慧明法师、静安寺改建办副主任郁望梅参加会议，取得一致意见——① 山门可突出钟鼓楼 1.8 m；② 山门厚度从 6 m 减至 5 m；③ 山门不设踏步，以最大限度扩大内广场面积。

2003 年 12 月 28 日，新山门建成。静安寺门前只留有正常人行道的宽度。耗时 4 年的住持方丈 5 m 之争就此告终。方丈取胜。

3.4.3　谁的佛塔？谁说了算？

"这么个小小的地方，不到一万平方米，做了十几年的设计和修改"。法堂施工图早已完成，方丈认为面积小，最后加层。静安寺改造，每一个微小的细节，方丈都"亲历亲为"，俨然如建自己的家宅。阿育王柱的位置，华东院崔总师给过三个建议，但是最后没

---

① 如今 75 岁的卢济威教授回忆起来还半开玩笑半带忧郁地说："他不要我们设计了，炒了我鱿鱼。"

有建在他认为最合适的地方。整个寺庙的每一栋单体建筑,都经过了频繁细致的讨论修改,其中宝塔是产生争议最多的一座。

2008年年底,静安寺宝塔即将动工,但是宝塔的高度、位置、形式却得不到规划局的同意。不仅如此,由于方丈对宝塔的形式作了预设,且华东院建筑师从职业审美上无法接受这种形制的建筑,对设计邀请婉言拒绝。方丈大师找到另一家愿意为其设计及绘制施工图的公司另行完成宝塔设计。

方丈意向与规划局的主要冲突表现在宝塔的高度上,方丈要求宝塔造得尽量高,大概是68 m,规划局认为不符合城市的总体形态要求,希望降低为48 m。为了说服方丈,规划局请同济大学路秉杰教授做了视线分析(《静安寺空间环境研究》),得出塔的高度应在48~60 m之间。

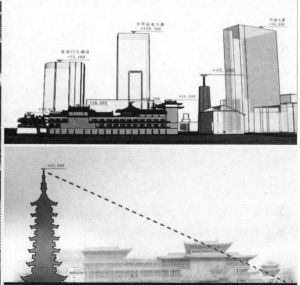

图3-17 静安寺宝塔高度分析

图3-18 慧明方丈亲自参与宝塔施工

图3-19 静安寺山门

图3-20 宝塔建成效果

最后塔的高度是 65 m。退后红线、间距要求都满足了规定。建成宝塔的形式不符合建筑的基本规则，即将一个本应该作为基座的石塔放在楼阁式的木塔顶部，简单来说，就是本末倒置的关系。

规划局虽不愿静安寺佛塔做成现在的样子，但对于建筑形式，由于没有法规规定，规划局无权作过多干涉。论证会、私下协商都已尝试，方丈坚持做他"心中的神圣佛塔"的意愿得

图 3 - 21　慧明方丈网上个人主页的图片展示

到实现。"毕竟塔建在他的地盘"，规划局的表述中带着明显的无奈。

2010 年，宝塔建成，高度和形式都超出规划局预期。静安寺的佛塔，最后也是由静安寺方丈说了算。

3.4.4 "人前人后"——见诸报端的"和谐盛世"

在整个静安寺改建工程中，由于方丈强烈的主观意见，静安区规划局不得不反复协调甚至在某些程序上与之暗里较劲，但是，官方呈现出的，仍然是一片祥和的景象。

2010 年 5 月，区领导出席恳谈会盛赞慧明方丈十年杰出贡献，其中高度评价慧明方丈"服从政府管理"[1]……在了解静安寺十几年的工程改造中每一个单体建筑进行了多少轮反复论证和双方拉锯战之后，只能用一个词来总结私下的万般征讨与表面的千般和谐——"人前人后"。

静安寺建成效果，真当是方丈说了算吗？柏林双剧院地区商业改造，柏林民众及社会专家给予的强烈舆论压力，最终使得地块产权拥

图 3 - 22　报纸报道的内容

有者改变原来的方案，尊重大众的选择。同样作为城市历史之脉的静安寺，为何却听不到任何来自市民的声音？

如果在这场方丈和规划局之间展开的隐于人后的权力博弈中加入公众舆论力量，我们不敢断言局势一定会被扭转，但至少会有所不同。

---

[1]　选自《静安时报》

3.5 办公 VS 住宅——"双增双减"与开发商利益

城市设计对土地空间利用的控制,体现在建筑功能(使用性质)和容积率上,对城市形态的控制则体现在对建筑高度的控制上。可以说,一个经历 15 年的城市设计,不可能所有建筑完全按照原来的设想进行。城市规划条例的变更、城市总体建设不可估量的膨胀、整个社会对住宅、办公、商业的需求比例变化等,都会导致建筑的容积率、建筑类型发生变化。

会德丰广场和 1788 国际大厦就是两个典型的案例。两者都遭遇了"双增双减"政策的变故,经历过住宅和商办建筑功能的转变。

3.5.1 会德丰广场建设始末

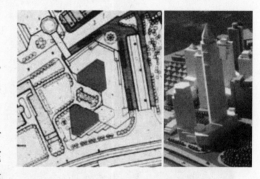

会德丰广场位于南京西路 1717 号。1995 年 12 月 27 日批租给香港九龙仓集团,审批容积率 8.8。

会德丰广场原计划建设一栋办公楼和一栋住宅楼,但在 2004 年开工之前申请将住宅面积转换为办公,并且将两座塔楼并为一座(图 3-21)。该楼于 2010 年 9 月竣工,地下 3 层,地上 54 层,大楼的主要功能为高档智能化写字楼。

图 3-23　会德丰广场城市设计平面图及模型

变更使用性质的原因有二:

1. 2003 年的时候,开发商经过市场调研,认为南京西路办公楼市场发展前景较好;

2. 按照静安区的人口数量和已建住宅的面积比,静安区不再需要新建大量住宅,如果再建住宅,就等于引进人口,对整个静安区的人口密度控制不利。

区政府同意了开发商的变更申请,但是由于 2003 年开始实行的"双增双减[①]"政策,原计划建设住宅的部分,仍按照住宅建筑的容积率要求控制调整。1995 年土地批租时批

---

① 20 世纪 90 年代以来,上海城市建设和旧区改造步伐加快,城市面貌发生巨大变化,由于中心城区人口密度高、旧区改造任务紧迫、拆迁费用逐年上升等原因,中心城区的建筑容积率偏高、高层建筑偏多。据统计,至 2002 年底,该市已建成的高层建筑有 4916 幢,其中 18 层以上高层建筑达 2800 幢。过多的高层建筑和过高的容积率,已给中心城区的环境景观、生态质量带来不利影响。加之,新一轮上海市城市总体规划确定了上海将建设成为国际经济、金融、贸易、航运中心之一的现代化国际大都市,特别是 2010 年世博会将在上海举行,对城市建设容量的控制势在必行。

因此,2003 年 11 月,上海市人大常委会审议通过了修订后的《上海市城市规划条例》,条例增加了一项新内容——"双增双减",以此来监控高层开发建筑问题,采取切实有效的措施,控制高层建筑过快增长和无序布局。"双增双减"的具体内容是,中心城区"增加公共绿地,增加公共活动空间,降低建筑容量,控制高层建筑"。"双增双减"政策,是上海政府从开发商中夺取空间的一把"利剑"。这把剑直接指向了开发商,政府在制度实行的过程中也实行了一些补偿措施——换地开发和资金补偿。

准的容积率为8.8。"双增双减"实行后,整个地块需减少开发容量。因九龙仓在静安区南京西路上还有另一块地。规划局对九龙仓进行了换地补偿①措施。具体操作方法是,同一个开发商如在"双增双减"控制地区用有两块或以上土地开发权,通过规划局认证,可以在这个地块建的容积率较大,但是另一个地块降低得更多,从而达到综合平衡。据此,规划局允许九龙仓在南京西路1717号地块容积率较大,但是在另一地块相应减少开发量。对于九龙仓要求将原计划180 m的双塔楼整合为270 m的点式高层的要求,经过专家论证,政府予以支持。

图 3-24　会德丰国际广场建成平面与效果

城市设计确定会德丰为静安寺地区的地标建筑,当时高度定为180 m,是基于周边地区控制在120 m以下,而经过十年的发展,上海市区出现了翻天覆地的变化,周边地区高层建筑节节攀升,180 m的高度已经不具备傲视群雄的资本,并且早在2001年建成的南京西路恒隆广场已达288 m,会德丰广场必须超出原定180 m的高度才能真正成为地标,而不被淹没在南京西路的高楼群里。

因此,会德丰顺利地变更了使用性质,并且建筑高度增加了100 m左右。

3.5.2　1788 国际大厦建设始末

1995年城市设计中,该地块为大型商办综合用地。

2002年10月25日,南京西路1788号地块(即4507地块)重新批租。容积率7.3,该地块中部分原于1994年批租给香港东鸿联合有限公司和区城市建设开发总公司,此次在解除原合约的基础上,重新批租。开发商计划在此地进行住宅和商办的综合开发。

---

① 也称"区内转移",是容积率转移的另一种形式。

2007年,台资企业以11亿人民币的价格100%收购了南京西路1788地块。2008年12月12日,开发商不受新一轮金融风暴影响,逆势开工。容积率6.69,29层,高125 m,包含办公楼、商店、购物中心、超级市场以及大型停车场。建筑面积约11万 m²,其中办公近7万 m²。

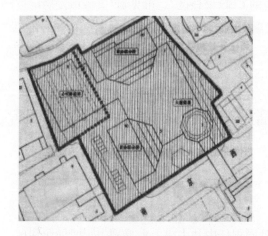

图3-25 1995年城市设计定为大型商办综合用地

图3-26 2005年开发商提供的总平面图,办公加住宅

图3-27 1788国际广场建成效果

1788项目由开始的商办变更为住宅加办公,最后又在办公楼形势看好的情况下改为高级办公建筑(地下部分商业),经过几次用地性质的转变。同时,容积率也因为"双增双减"的实施而减少了0.4,对于南京西路这样的黄金地段来说,开发损失很大。并且规划局坦言,没有任何补偿措施。但是开发商仍在2007年以高价买入此地,又是为何?

南京西路静安寺片区是上海总体规划中"四街四城"和全市四大商务中心区之一,围绕南京西路将打造成以高档商务、会展、酒店、购物中心和公共活动区为特质的"上海中城"(Midtown)。可以看到,越洋广场绝大部分已出租、入驻,毗邻的嘉里中心二期项目已开始动工,会德丰广场接近封顶并开始了部分幕墙安装工作,西线端头的协和城项目也在启动之中。"南京西路1788号项目建成后,它将与对面的会德丰广场、嘉里中心二期及越洋广场形成四星高照的局势,在静安寺构筑一个全新的CBD聚核区"。可见,政府城市发展定位,直接影响城市建筑的发展走势。从这些开发项目的投资情况也可看出,经过十几年的发展,借助优越的交通资源和南京西路强大的宾馆群和商务发展势头,静安寺地区已经成为以高档商务、会展、酒店、购物中心和公共活动区为特质的"上海中城"。

3.6　房子会走路——刘长胜故居的整体平移和航站楼配套酒店主楼西移

3.6.1　刘长胜故居整体平移

愚园路81号是1946年至1949年刘长胜同志任中共中央上海局副书记时的居住地。1992年被上海市人民政府公布为"上海市纪念地点"。这幢四层砖木结构的欧式建筑,不仅记下了解放战争时期中共上海地下组织艰险的生活,在"80多岁"时,还向东"走"了百余米,经历了上海历史上第一次建筑整体平移。房子为什么要"走"路呢?

2001年,在愚园路专业街规划改造时,始建于1916年的刘长胜故居在动迁红线以内。为保存好中共党史上的这一重要文物,上海静安城建配套发展公司计划建筑物从愚园路81号移至愚园路常德路口。刘长胜故居为4层,建筑为砖木结构,使用期已达84年之久,木结构及墙体局部有腐蚀,损坏严重,有多处空洞及裂缝。当时建筑整体推移技术在上海是首次采用,无论在资金还是在技术上,故居平移都有一定的风险。

2001年,刘长胜故居经历了上海历史上第一次的建筑整体平移。平移从4月中旬开始,分两步进行。6月底完成第一次平移,移动距离33.6 m,到达了预定的中间节点位置,平移后刘长胜故居离隔壁的建筑仅不到2 m,隔壁房子里还住着居民。该工程总工程师朱启华介绍,原来是想一次搬到位,但现在看来不行。只能等隔壁的房子动迁,才能再打轨道。

故居迟迟没有能落户新址,个中原因并不止途中有民居阻碍那么简单。

本来人们认为,刘长胜故居搬迁是为航站楼配套工程"让路",但是根据现有规划,刘长胜故居临时的迁移位置又正是航站楼配套项目所在地。也就是说,搬迁刘长胜故居反倒是占了

图3-28　刘长胜故居平移施工过程图

配套工程的规划用地。刘长胜故居原本所在的位置,是配套工程的储备用地,经过上海市计划委员会的批准,储备用地的一部分划拨给久百城市广场进行建设,所以2001年刘长胜故居的搬迁就是为了适应久百城市广场的施工。但是第一次搬迁后,航站楼配套工程酒店的用地却被刘长胜故居占据了一部分沿街面。最后经过协商,2002年3月故居再次移动,挪到了久百城市广场与配套工程用地的边界。整体向东平移了130 m,工程耗资200万元。

如今的刘长胜故居,位于九层高的久百城市广场和百米高的五星级宏安瑞士大酒店中间。历史和现代、文化和商业的对比,将这个城市的历史如实记录。

3.6.2　城市航站楼配套酒店设计调整

2004年以来,会德丰广场、越洋国际广场、航站楼配套工程(宏安瑞士大酒店)等6个重要项目,在前期工作中都遇到前所未有的困难,出现地铁2号线保护问题、地下空间开发与在建项目结合的问题、优秀近代建筑保护问题、新旧规划法规调整问题①。航站楼配套酒店为保护近代优秀建筑,化解居民矛盾,对方案作出重大修改、调整,付出较大代价。这代价主要来自于上海新出台的《上海市人民政府关于进一步加强本市历史文化风貌区和优秀历史建筑保护的通知》(沪府发〔2004〕31号)。该通知于2004年9月29日出台,扩大了保护建筑的范围,加强了保护力度②。为加强对全市保护工作的统一领导和统筹协调,成立了上海市历史文化风貌区和历史建筑保护委员会。委员会的存在对历史建筑的保护起到了实际的监督作用。借由此次加强历史建筑保护的措施,静安区诸多老建筑得到了保留,处于本案研究范围内的有愚园路128号、258号,柳迎邨,中国医药学会上海分会建筑,另外一个就是导致航站楼配套工程"付出重大代价"的张爱玲故居(常德公寓)。

常德公寓(张爱玲故居)原名爱林登公寓,于1936年竣工,为8层西式公寓楼。著名作家张爱玲曾在1942年至1947年期间居住在当时常德公寓的65室。1994年被列为上海市第二批优秀近代建筑,此类保护建筑周边新建项目必须符合相关保护条例的规定。根据《上海市历史文化风貌区和优秀历史建筑保护条例》(2003年),城市航站楼配套工程必须要对常德公寓进行视线分析,并符相关退界要求(建筑位置关系见图3-29)。

2004年3月,政府按照上级要求③对航站楼配套工程方案进行公示,并附了一张工程的平面示意图,图纸上显示即将建造的高楼,高楼主楼离公寓院子只有20余米,裙楼则更为贴近了。居民们很是忧心,因年代久远,常德公寓已出现倾斜、下水道挤压错位、墙

---

　　① 引自《静安年鉴2005》。

　　② 据《通知》规定,凡1949年以前建造的花园住宅、大楼、公寓、成片的新式里弄、有特色的石库门里弄和有历史人文价值的民居,代表不同历史时期的工业建筑、商铺、仓库、作坊和桥梁等建筑物、构筑物以及建成30年以上、符合《条例》规定的优秀建筑,都必须妥善保护。对列入优秀历史建筑保护范围的建筑,要按照"市民、社会推荐,部门筛选,专家评审,政府批准"的程序予以认定。专家评审之后,有关部门应将名单公示,广泛征求市民意见。

　　③ 上海市城市规划条例(2003修订)第二十六条"制定城市规划,应当听取公众的意见"指出控制性详细规划草案报送审批前,组织编制机关应当向社会公布该草案,可以采取座谈会、论证会、听证会以及其他形式听取公众的意见。

体开裂以及外墙面大面积脱落的现象。高楼一旦真的这样建造,对常德公寓的破坏肯定更加严重。而且作为市优秀历史保护建筑,根据本市《关于检送本市第二批优秀近代建筑保护技术规定的通知》,常德公寓的西、北面离界 30 m 为建设控制地带。同时,距离过分靠近,也会影响周围居民的日照、通风等人居环境。

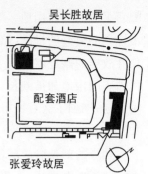

图 3-29　配套酒店与保护建筑的位置关系图

为此,常德公寓业主委员会向市有关部门反映了情况。

《上海市城市规划条例》规定,在文物保护单位和优秀近代建筑的保护范围内改建建筑物或者在建设控制地带内新建、改建建筑物,应当符合有关规定,不得破坏原有环境风貌。其中保护范围严禁新建建筑物,建设控制地带内可以建造新建筑。而城市航站楼的配套工程的审批是合法的。该项目原由上海市规划局审理,方案核定后,于 2003 年 12 月移交区规划局办理后续审理手续。

区规划局在接到居民的反对意见后,立即开始着手调解。为保证施工安全,特派人员夜间在工地值班,及时化解矛盾。同时要求开发商对方案进行调整。调整后的方案高层主楼西移了约 8 m,离东侧常德公寓距离扩大至 30 m;北侧进行跌落处理,西北侧削角,以改善对周边居住建筑的日照等影响。方案调整后,地上建筑面积减少了约 2 378 m²,地下建筑面积减少了约 967 m²。

2004 年 4 月,市规划局、市房地局、市文管会、区规划局等对上述视线保护方案进行了评审后予以通过。开发商在历史建筑保护的问题上,不仅牺牲了部分建筑面积,降低了建筑高度,两座保护建筑也增加了项目施工难度。这一设计调整反映出政策法规对项目建设的影响。

刘长胜故居为久百城市广场向东"走"了 130 m,航站楼配套工程又因常德公寓保护问题向西"走"了 8 m。而不管是建成的或未建成的房子,都在"走路"的过程中付出了巨大的代价,而所有的代价都是为协调历史保护与城市开发建设之间的矛盾,从某种意义上来说,这种"代价"是一种进步。

3.7　"双赢"——静安寺交通枢纽的协同开发模式

1995 年静安寺地区城市设计因十几条公交在本区内设终点站,提出应在愚园路 68 号地块设置一个公交换乘站。将所有的公交终点站集中到一起。这在当时是创新的想法。

这么多的公交路线都在地面道路上停留,占用道路空间,对地区的交通通畅性不利。但是做地面换乘中心又没有足够的土地,另外政府也没有现成资金,于是交通枢纽的事情被搁置。

3.7.1 "双赢"——静安交通枢纽的开发困境与模式创新

2003年,结合静安区现有公交客流换乘集聚区,市政专家规划设计了3个地面公交枢纽,它们是静安寺公交枢纽、石门路公交枢纽和曹家渡公交枢纽。其中静安寺交通枢纽是上海市"十一五"规划中60座综合客运交通枢纽项目中首先要建成的17座枢纽之一。附近的万航渡路、常德路均已拓宽。但是展开地区平面图却没有足够用地,只有图3-30所示沿常德路的一小块曾经审批为人防工程用地的地块可以考虑。

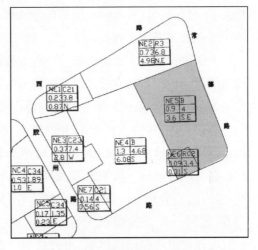

图3-30 交通枢纽原用地指标图

通过区规划局的努力,征询上级意见,将人防和交通枢纽结合起来建设。但交通枢纽需要的用地面积远不止如此。规划局的观点是不管够不够用,先落实下来再说,于是这块地便确定为公交枢纽用地,命名为静安区15号街坊交通枢纽综合项目地块。

规划局把眼光投向了临近用地——已经批给上海天顺经济发展有限公司①(下称"天顺")的愚园路68号地块,希望天顺将地下一层交予作交通枢纽。当时上海市实行"双增双减"②政策,于是静安区规划局提出两个补偿措施,一个是容积率补偿;另一个是协助动迁。最开始动迁是很难进行的,作为商业开发的动迁跟居民的矛盾比较难协调,而政府出面以建交通枢纽的名义进行动迁会则容易得多。政府在与天顺协商的同时着手进行交通枢纽的建筑设计。

图3-31 交通枢纽方案效果图

2007年6月21日,《静安寺交通枢纽详细规划(草案)》公示,不少居民来电、来访咨

---

① 上海天顺经济发展有限公司成立于1996年12月,由香港柏年兴业有限公司投资,公司总注册资金为7440万美元,公司主要经营房地产开发及经营,目前主要经营静安区愚园路赵家桥路49-65号地块(愚园路街道15街坊),从事商业办公地产的开发、经营、物业管理及相关配套服务。

② 上文已经提到过"双增双减"政策,2003年10月市第五次规划工作会议以后,中心城区"双增双减"进入全面实施阶段。"双增双减"的具体内容是:中心城区"增加公共绿地,增加公共活动空间,降低建筑容量,控制高层建筑"。具体要求是住宅建筑容积率必须小于2.5,商业办公建筑小于4。

询项目具体情况。2007年7月6日,华东院介绍方案,参与评审会会的单位有:市规划局、市市政局、市交通研究所、区建交委、区重大办、区配套公司、区停车管理中心等。

之后,区政府发出了"第六号土地公告"(静安小亭地块"带方案招标")——静安小亭地块——分为东西两块,虽分两次出让,但必须统一规划开发,且东地块的出让为"带方案招标",静安区15号街坊交通枢纽综合项目地块(下称东地块)与静安区愚园路68号地块(下称西地块)实为同一项目的东西两个地块。该地块是静安区多年来第一次有土地出现在公开出让市场上。

天顺公司是由一本地企业与一港资公司合资成立的项目公司,公司决策者因对香港地铁周边地块的开发进行详细考察得出结论:2号线地铁交通和公交枢纽将会给本地块带来大量人流,于是同意了规划局的协作要求。

动迁完成后,静安区配套开发建设公司(上海市静安区土地管理中心)拿下了15号街坊交通枢纽综合项目地块。两家开发商同意联合开发,统一转让,联合经营。同一建筑主体,不同的管理方,这对一个开发项目来说,又是一次创新。建筑设计使用两套结构体系,可分可合。静安区需要一个公交换乘枢纽,但是用地不够,而无论是天顺还是静安配套公司,都没有足够的经济实力同时拥有这两块地,于是产生了现在这种经营模式。在几年的交涉中,两个开发商之间一直相处融洽,且达成了统一招商同时转让的协议。

图3-32 交通枢纽的交通分析图

为了达到世博会之前交通枢纽投入使用的目标,合同签订后静安交通枢纽立即开工。同时,在双方协商下,邀请了英国Benoy(贝诺)有限公司参与建筑设计,华东院作为合作单位,在设计完成后负责施工图设计和接下来的施工配合。

项目名称为"静安寺交通枢纽及商业开发项目",开发单位为上海市静安区土地管理中心和上海天顺经济发展有限公司,建成后将成为城市中心"P＋B＋M"(停车场＋公交＋地铁)多元化交通枢纽的典范,同时也是第一个由两个开发商两地块联合开发,统一设计,同步施工,并且统一转让联合经营的

图3-33 交通枢纽总平面图

项目。而且这块地上还有另一个资产拥有者,那就是市交通部门。建筑的地上一层以及地下一层的产权都归市交通部门所有。静安寺交通枢纽及商业开发项目从建设初期遇到用地不足

等困难,到最后突破传统开发模式实行交通建筑与商业建筑联合设计开发,发展了一种创造性的"双赢"模式。

3.7.2 静安寺交通枢纽及商业开发项目介绍

项目建设用地命名为上海市静安区15号地块。地块东西方向长约150 m,南北长约130 m,面积为20 235 m²,北面为赵家桥小区(由两栋高层公寓及其配套用房组成),南面临愚园路,东面临常德路。基地以中部用地分界线为界分为东西两块。西侧地块11 434 m²(A地块)属上海天顺经济发展有限公司,东侧地块8 801 m²(B地块)属上海市静安区土地管理中心,两地块联合开发,统一设计,同步施工。

表3-2 静安交通枢纽经济技术指标表

项　　目	A地块(m²)	B地块(m²)	合计
地下部分总建筑面积	30 254	20 275	50 529
地上部分总建筑面积	45 736	26 403	72 139
总建筑面积	75 990	46 678	122 668
用地面积	11 434	8 801	20 235
容积率	4.0	3.0	综合容积率3.57
机动车停车位	298	139	437
非机动车停车位	900	1 300	2 200
建筑层数	19	7	
建筑高度	99.90	37.20	

图3-34 静安交通枢纽区位分析图

规划要求建筑容积率:A 地块不大于 4.0;B 地块不大于 3.0。另外需考虑地下通道使公交枢纽与地铁 2 号线建立便捷联系。

本地块作为区域综合交通换乘枢纽,规划 4 条线路的通过式公交首末站一个,位于西侧地块北部,且与轨道交通 2 号线建立便捷联系。公交枢纽位于西侧地块北部,使得自常德路进入枢纽的车道长 100 m,向愚园路驶出的车道长 70 m,有较强的蓄车能力,公交枢纽与常德路间的车道长度满足公交管理部门蓄车 8 辆的要求。

建筑形式是根据日照确定的,比如层层退台的裙房,是因为北面有赵家桥小区住宅建筑的原因。塔楼的主要功能餐饮娱乐及休闲会所,19 层,选址于基地西南侧,以求对北侧住宅的日照影响最小。

地下二、三层设置有地下停车库,可停车 437 辆,不仅包括为本项目自身配建的车位,也辅助解决周边地区停车位不足的问题。

公交车站位于基地西北部,公交车道沿基地北侧及西侧布置,公交车由常德路进入,在车站内(四条线路呈并列布置)上下客后,由愚园路开出。建筑面积:商业开发约 122 668 m²,交通枢纽站站体约 2 500 m²,A 地块地下三层、裙房七层、塔楼十九层。B 地块地下三层、地上七层,交通枢纽在 A 地块内,占局部的地下一层和一层。

本来交通枢纽是在地块东南角(B 地块),但为了获得更多的商业面,公交枢纽的位置调整到西北角,这样也方便了与地铁 2 号线地下的连接。

现设计用来连接 2 号线静安寺站的地下通道,也是在久光、航站楼、航站楼配套酒店的地下室夹缝中挤出来的(1995 城市设计计划从常德路连接 2 号线,但是由于保护建筑常德公寓地下无法挖掘,常德路地下 2007 年建设 7 号线,也不可能建设地下通道)。

2010 年 5 月 29 日 5 时许,公交 21 路头班车从全新的静安寺交通枢纽中心开出,意味着市中心这一重要的交通枢纽一期工程竣工并投入使用,即日起市民可以在这里方便地换乘轨交 2 号线和 7 号线。2013 年 1 月,整个项目全部竣工。

3.7.3 谁赢?——麦克公寓作为项目的另一"创新点"

近年来,随着众多建设项目的逐步推进,周边居民群体性矛盾日渐突出,并出现部分居民反复上访、围堵工地①、阻挠施工等现象,使全区良好的投资环境、正常的建设管理秩序受到很大影响。同时,城市建设项目和居民之间的矛盾日益突出和集中,成为影响项目推进的"瓶颈"和主要障碍,甚至在一定程度上影响到社会的稳定。而上海也曾出现多起强拆事件。

静安寺交通枢纽及商业开发项目牵涉的居民矛盾也同样广泛。其中比较典型的是赵家桥小区的地面裂缝事件和麦克公寓拒迁事件。

---

① 这些事件在航站楼配套工程中也遇到过。

1. 赵家桥小区的地面裂缝事件

建筑基坑开挖之后,赵家桥小区的建筑出现地面开裂的现象,居民围攻施工队。于是甲方、设计单位和居民召开讨论会,由设计公司协调,帮助处理地面开裂技术补救问题,并且甲方出资做赵家桥小区建筑的外立面装修(包括给每户居民统一安装新的空调、整齐建筑的外立面、改善小区的环境等),最后居民愤怒得到平息。

2. 麦克公寓拒迁

2007年交通枢纽用地拆迁完成,但仍有一栋公寓楼未完成搬迁。这栋房子就是位于愚园路常德路路口(上海市静安区愚园路40号),总高8层,带电梯的麦克公寓。麦克公寓在拆成平地的20 000多平方米的项目基地上俨然成为某种类似标杆的存在。

静安寺交通枢纽项目创造了多种新的模式,许多是国内首例,而如此大型的商业建筑围绕一个8层高的居民楼展开,不能不说是此项目的另一个"创新"。此8层高公寓并不是什么历史保护建筑,而只是1990年代建设的普通多层公寓。居民不肯搬迁,一是由于静安寺地区本是上海中心城区,周边配套齐全生活便捷,这样的区位使得居民不愿离开;二是对于规划局或者开发商来说,此等多层新工房动迁成本是天文数字,在全区尚有几十万平方米旧式里弄未拆、众多马桶未消灭的情况下,非重大市政工程、非迫不得已,市有关部门是不允许拆除新工房的。于是麦克公寓就此保留了下来。

麦克公寓无法动迁,但是由于所处位置对交通枢纽商业建筑有极大的视觉阻碍,因此,开发商不得不考虑老公寓对新建商场使用的影响。为了使麦克公寓与新建建筑风格、形式、色彩呼应、统一,并且在施工中减少对居民生活的影响,在征得麦克公寓居民同意的情况下,开发商出资给麦克公寓外加可动竖向、横向碳纤维、铝合金热反射百叶,隔绝光线对麦克公寓的影响。建设项目在对麦克公寓可能产生光污染区域内部采用非反射材料作为维护结构材料。工程景观绿化阶段还将对公寓周边进行绿化环境建设,保证广场的使用环境舒适性以及美观效果。

不得不说,一栋形式简单的老公寓与一栋极为时尚的大型商场并行,不管从何看来都是一对奇怪的组合,但是,从另一方面来说,麦克公寓的"特殊存在",或许正显示了强权政府的政治进步与市民自由度的提高。

图 3-35　麦克公寓

3.8　两个无疾而终的"时尚"追求——2009年静安寺城市设计国际招标与静安寺广场更名事件

静安寺地区是静安区迎世博重点整治改造区域,是静安区的核心区域之一,在国际商务港建设中占有举足轻重的地位。为了配合世博会的召开,静安区开展了包含道路、建筑、景观等各个方面的改造活动,即静安寺改造工程。

而本章节提及的静安寺城市设计国际招标(直接结果为静安寺广场改造)和静安寺广场更名事件,都是静安寺改造工程的一部分。

3.8.1　静安寺地区节点城市设计国际方案征集

"静安寺地区以静安古寺为核心,随着越洋广场的竣工、久百城市广场的使用、地铁7号线静安寺站和会德丰广场的建成,越发凸现了目前静安寺地区道路交通状况、下沉广场环境景观、伊美时尚广场业态定位等与周边高档商业商务楼宇的形象存在巨大的"反差",也与静安区"高起点、外向型、国际化"发展战略有巨大的差距。同时,静安寺地区的整体形象提升也是世博600天行动计划的重要内容之一。经过前期调查和多方推荐比较,静安区重大办和区规划局决定邀请相关设计单位进行静安寺地区节点城市设计国际方案征集。

2008年10月,静安寺地区节点城市设计国际方案征集正式启动,11月中旬完成中期研究成果,第一轮概念方案邀请5家单位参加——日建、hassell、柏城、思纳熙三、ARCOP ,主要内容为静安寺地区现状分析、静安寺广场、静安公园、伊美时尚等景观改造。第一轮评选

出日建、hassell、思纳熙三的方案继续深化,但三家
单位经设计研究发现能改动的地方少之又少。最
后由万生设计将三家方案进行整合,改造只集中在
了静安寺广场上,目的是使广场变得更加"时尚"。

这次国际招标并没有达到政府的原初目标,
主要原因有三:

1. 时间紧迫,世博在即,来不及做大的调整;

2. 虽然大家都认为静安寺公园有一半(静安
八景园)的面积没有得到充分利用,但由于静安
八景是绿化部门用地,协调比较困难,改动同样
没有充足的时间;

3. 前期研究得出的结论是——"原来的框架
挺好的,不要动了"。

3.8.2　静安寺广场改造

1999 年 9 月静安寺广场的建成,是为了迎接
新中国成立 50 周年庆典;2009 年 9 月静安寺广
场的改造,也是为迎接新中国成立 60 周年庆典。

2009 年 4 月 15 日,静安区建交委在静安寺
下沉式广场举行静安寺地区综合改造工程启动
仪式。

2009 年 9 月,静安寺广场改建工程完成。锦
迪公司在这次改建中对原喷水池作了重新改建,
搬迁了原有的服务用房、书报亭,改建了无障碍
通道,在广场上方建起一个大型的 LED 屏幕。
2009 年 11 月 20 日,静安寺地区综合整治工程基
本完成,对百乐门舞厅进行修缮,环庙商业调整
改造;对原有的古玩、字画等商铺作全面调整,华
山路一侧调整为以珠宝黄金饰品为主,步行街一
侧以中高档服饰为主。伊美广场也相应进行了
业态升级。

3.8.3　静安寺广场更名事件

1999 年建成时,位于南京西路华山路的静安

图 3‑36　思纳熙三第一轮方案

图 3‑37　PCL 的第一轮方案效果图

寺广场成为申城首个下沉式广场,此后成为申城地标之一,被公众所熟知。静安区规划局地名办相关负责人曾告知,由于下沉式的建筑特色,申城市民往往称呼其为"静安下沉式广场"。久而久之,"静安寺广场"这一名称逐渐被大家忽略。另一方面,原有名称也与静安当下"高起点、外向型、国际化"的发展战略不相匹配。因此,静安区决定将广场更名,向静安居民及社会各界人士公开征集名称方案。

2009 年 8 月,静安区城市规划管理局公开向社会征集"静安寺广场"更名方案,按照当时设想,这个沿用了 10 年的地标名称将被一个"更具有时代气息、简洁易记、朗朗上口"的新名称取代。

然而,在征名活动持续了 5 个月后,上海首个下沉式广场——静安寺广场更名活动评审专家和静安区地名委员会所有成员一致同意,维持广场原名不作更改。

方案汇总至地名委员会后,来自静安区文史馆、市地名学会等机构的专家将会对参选方案进行筛选。不过,该负责人当时也曾强调,"如果无法找寻到令人耳目一新的方案,广场仍将沿用现在的名称。"现实情况几乎与其预期相符,据了解,活动收到应征名称 320 余条。区地名办按征名要求和公共广场命名规则筛选出合格名称数十条。随后,地名办召集有关部门代表举行名称推选会。

专家评审后认为,静安寺广场命名已历时 10 年,曾被评为"全国文明广场",举办过许多公众活动,又处于闹市区,客观上已具备相当知名度。况且"静安寺"作为区片名称在中心城区的地标性作用明显,众所公认,在中心城区的知名度无可替代。此外,"静安寺广场"地名标志为汪道涵同志所题,从这点上考虑,也不宜更改。

实际上,在众多征集方案中,没有一条被专家公认超越广场原名称。最后,静安区地名委员会讨论时所有成员一致同意专家的意见,维持广场原名不作更改。

就此,静安寺地区为"高起点、外向型、国际化"所作的努力几乎可以称为无疾而终。寄予厚望的国际招标得出的结论是"不用动了",静安寺广场所作的改造也是微乎其微,而让"静安寺广场"这个名称变得更"时尚"的追求更是遭遇专

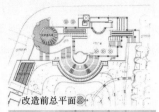

改造前总平面

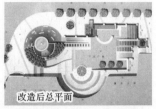

改造后总平面

图 3‑38　静安寺广场改造前后平面对比图

改造前日景

改造后日景

图 3‑39　静安寺广场改造日景对比图

改造前

改造后

图 3‑40　静安寺广场改造夜景对比图

家和委员一致认为"无法超越"原名的打击。两个"国际化""时尚"的追求，都以失败告终。

本章小结 娓娓道来——一部生动的历史剧

城市设计究竟怎样作用于城市空间？哪些因素在城市设计管理实践过程中对其产生影响？城市设计的作用机制到底为何？

本章试图改变以往研究中以理论总结为主的解答方式，试图通过大量的史料收集、人物访谈和数据整理，理清关系，最后以8个建设事件来描述（**人和社会（通过城市设计）改造城市环境的方法、程序、过程、效果**）。笔者从大量事实中拣选的这8个故事涵盖了城市设计实施过程中的社会因素、人为因素等各方面的内容，其中不乏戏剧性突发事件，以期通过对这些具体"建设事件"的描述，让人对城市设计的作用机制有更直观、深刻的了解。

4 评价——静安寺地区城市设计实施效果分析评价

前章的研究内容是人和社会(通过城市设计)改造城市环境的方法、程序、过程。本章延续上一章的内容,试图对城市设计的实施效果、实施后的城市环境对人和社会的影响以及实施过程作相关总结评价。

国内外广泛认同的城市设计评价方法多包括实施结果和实施过程两个方面。笔者亦认为城市设计的成败与否不仅与设计优劣相关,城市设计的管理实践过程同样决定了实施效果的好坏。笔者对静安寺地区城市设计实施效果的分析评价,也将从**实施结果**和**实施过程**两方面展开。

根据静安寺地区城市设计的具体情况,借鉴国内外研究中较为普遍的评价标准,本章对实施结果的评价从以下两个方面进行:

1. 对付诸实践的城市设计,在实施15年后所形成的结果与原城市设计之间的关系进行分析评估,也就是城市设计是否得到真正的实施;通过对城市设计实施前后关系对比,揭示出城市设计所提出的目标与实际结果之间的关系。

2. 通过对建成环境的公众使用情况调查,总结城市土地空间使用、交通空间、景观空间、公共空间、生态人文5个方面[①]的公众评价系数,即实施后的城市环境对人和社会的影响的评价。

对城市设计实施过程评价分为对设计编制过程(与实施过程同步)和对管理阶段的考察评估,前者主要涉及城市设计师在编制过程中的行为及所完成的文本,后者主要针对政府的管理实施过程。

4.1 静安寺地区城市设计实施结果评价

4.1.1 静安寺地区城市设计实施结果对比分析

4.1.1.1 总体目标分析

"它有浦西唯一最具规模的展览中心以及完善的城市道路轨道交通,所有的地铁口都接到5颗星星里面。……再配上文化的底蕴以及最巧妙的,在这么繁忙的都市丛林里

[①] 本书评价标准为土地空间使用、交通空间、景观空间、公共空间、生态人文五个方面,此标准的确立见本书第1章1.4.4节对国内外城市设计相关评价标准的总结研究。

面有静安寺和静安公园的景观留白[①]"。

这段话出自投资 1788 国际中心的企业家林耿毅之口,从中我们看出,静安寺地区城市设计的三大主题(文化、生态、综合立体化交通)已成功突显出其优势,成为地产商投资的重要考量依据。

1995 年城市设计文本该设计的总体目标是:"作为上海中心城区之一,通过城市更新,建立现代化综合发展文化、旅游的高级商业中心,其空间形态具有特色,生态环境和谐,运动系统有序。"虽然 15 年来政府对静安寺地区的发展目标在不断变化(2009 年起重点打造商务中心)但原先城市设计的目标已基本达到(表 4-1),并为"国际商务港"的建成提供了优越的交通、配套、文化、商业基础。

表 4-1　城市设计总体目标实现情况对照表

城市设计目标		实施结果
现代化综合发展文化、旅游的高级商业中心	文化	静安寺香火旺盛、静安寺广场成为市民文化集会场所,举行上百次大型文化活动
	旅游	2011 年静安区宾馆会展旅游业实现营业收入 51.41 亿元,接待中外游客 140 万人次,星级旅游饭店客房平均出租率 58.15%,星级旅游饭店平均房价 669.71 元。全年上缴地方税收 1.5 亿元
	商业	2011 年静安区社会消费品零售总额 263 亿元,久光百货、会德丰广场裙房商业、越洋广场裙房商业、1788 国际裙房商业、静安寺交通枢纽商业等中高端大型商场与愚园路美食街一起组成了高密度、高质量的静安寺商业中心
空间形态具有特色		静安寺、静安公园形成了本地区的传统文化、绿色生态氛围,高层围绕中心低矮绿地和文化建筑的建筑群形态使本地区空间特色明显
生态环境和谐		静安公园作为上海市五星公园深受市民喜爱,但公园面积较小
运动系统有序		静安寺交通发达,地铁 2 号线和 7 号线在此汇集,地铁出口通达久光、越洋、静安交通枢纽、伊美时尚、会德丰等建筑,公交站点多,换乘方便。交通便捷成为静安寺地区商业商务发展的重要优势

(表内数据来自静安区门户网站——政府信息公开——政府工作报告 2011)

---

① 选自静安区副区长陆晓栋做客《第一财经•决战商场》节目谈《静安"金五星"铸造上海国际商务港》。

4.1.1.2 设计体系建成情况分析

本书对静安寺地区城市设计体系的建成情况分析分为以下五个内容进行：1. 土地空间使用体系；2. 交通空间体系；3. 公共空间体系；4. 建筑群体形态(空间景观体系)；5. 历史文脉保护。

1. 土地空间使用体系

土地使用性质：从静安寺地区目前建成环境各地块的实际使用来看，除个别旧式里弄的居住用地被改为商办综合用地外，土地使用性质基本符合城市设计构想。

开发强度：为追求更高的经济利益，土地开发强度都比城市设计规定的，如久百城市广场容积率达 5.3，机场城市航站楼容积率达 5.7，航站楼宾馆容积率达 7.2，会德丰广场的容积率甚至达到了 9.04。但是开发强度强弱分明，保证了核心区弱，周边强的趋势。

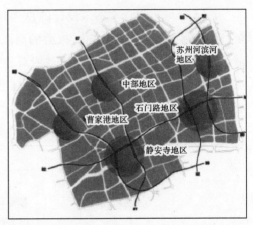

图 4-1 静安寺地下空间未来重点开发片区示意图

2. 交通空间体系

(1) 车行系统

由于地铁和公交带来大量人流，华山路下穿未实现，地区交通拥堵现象明显。商业、办公、旅游等开发又吸引众多的人流和车流，同时本地区又是东西干道和南北干道的交汇点，过境车流量大，因此地区交通与过境交通汇集在一起，对本地区地面道路交通产生极大压力。

本地区道路表现出东西交通相对通畅而南北交通相对薄弱的情况。乌鲁木齐北路愚谷村路段，道路宽度仅 12 m 左右，由于愚谷村为保护建筑，24 m 的道路规划红线实施的可能性较小。另外据统计，本地区交通最繁忙的道路华山路上高峰小时道路拥堵情况日益严重。常德路拓宽后通行能力明显增强，对地区交通有一定的缓解作用。

(2) 步行系统

二层步行系统未实现——本地区南京西路和华山路缺少立体人行通道，行人在穿越南京西路时需要较长等候时间，也因此对车行流畅性造成影响。特别是久光百货前行人横穿马路(对面静安公园)需求较大，在没有红绿灯的情况下穿越车流量较大的南京西路比较危险。

二层步行系统未能实现的原因：一是由于在城市道路上设置多个步行通道在当时的法规下是少见的，因此市政部门不能接受，认为二层步行系统限制了通过车辆的高度。二是不同地块开发商之间的态度达不到统一。有的开发商接受连通，认为可以带来更大的人流量,而部分开发商不愿意。三是建设周期不同,久光于 2004 年建成,而越洋在 2007 年才建成,因此久光没有预留对接口。

（3）地铁系统

1998 年 2 号线竣工投入使用后,上海市规划了 M7、M6 与 R2 在静安寺站汇合。

2003 年 4 月下旬,锦迪公司参股 7 号线建设。2003 年 11 月 13 日,几经改变的 7 号线车站终于定位;经区地铁办与申通公司据理力争,终于变地下三层中两层为地铁站体,地下一层全部为综合开发,并与两侧的越洋广场、嘉里中心地下商业连成一体。

2004 年正式确定 M7、M6 车站分别设置在常德路和华山路。2005 年 4 月 15 日,7 号线静安寺站正式开工。2009 年,7 号线昌平路、静安寺站投入运营。

城市设计未考虑到三条地铁线路于静安寺站交汇的情况,换乘系统与相应地下空间开发整合设计缺位。因此没有在做静安寺广场的时候预留换乘通道,而已建成的静安寺广场桩基是没有办法再设置通道的,而从静安寺公园绕行,做丁字形换乘通道又大大增加了换乘路径,因此,R2 如何与两年后即将建成的 M6 之间进行合理的站内换乘成为一大技术难题。

据规划,未来静安区域内将有 5 条地铁线路经过,将建成 2 个三线换乘枢纽站和 3 个单线地铁站。静安区未来轨交具体分布为:2 号线,区内长度 3.2 km,站点名:静安寺站、南京

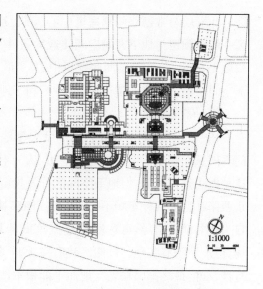

图 4-2 原城市设计地下空间连接图

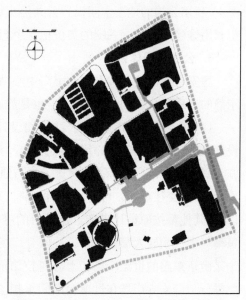

图 4-3 现状 2 号线和 7 号线及周边建筑地下空间连接图

西路站,1999 年建成;7 号线,区内长度 2.8 km,站点有昌平路站、静安寺站,2009 年年底建成;12 号线,区内长度 1.7 km,站点有南京西路站,预计 2013 年年底建成;13 号线,区内长度 1.8 km,站点有自然博物馆站、南京西路站,2012 年年底建成;14 号线,区内长度 3.7 km,站点有静安寺站、长寿路站、武定西路站,远期建成。

7 号线穿越 2 号线后在其南侧设置静安寺站,车站埋深约 23 m。经过多方协调,将 7 号线静安寺站地下一层全部预留作综合开发,地下二层为站厅层,地下三层为站台层。

综合开发层与常德路两侧嘉里中心二期、越洋广场的地下空间完全连通,站厅层非付费区一侧也预留与地下开发空间接通的条件,付费区一侧设置与R2、M6的换乘通道,车站长度176 m。将常德路两侧嘉里中心二期、越洋广场的地下开发空间联成整体,有利于地下空间与地下环境的整体改善,也有利于地下商业空间与地下人流交通的布局。

(4)停车系统

1995年原规划静安寺公园下设大型地下公共停车库,但由于政策原因,环境绿化部门不同意在绿化下做大型地下空间,认为不利于植物生长。2005年市规划局开始认识到这种做法是可行的,但地下空间的开发投资量过大,资金不足,只能搁置。因此本地区南京西路社会公共停车场不足,现有各停车场库的出入口由于缺少统一的设计与管理,各自为政并缺乏引导,可达性较差。1998年城市设计修改稿中常德路下也做了地下停车场,但最后没有实现。虽然区政府在1998年后作过多次交通规划,其中对停车场问题多有涉及,但最终都因缺乏土地而未能根本改善地区停车状况。目前静安区政府偏向于按照1995年的设想将大型停车库建在静安公园下方,在城市用地不足停车空间缺乏的情况下,利用公园的地下空间设置公共停车场的做法是很有必要的。规划局负责人表示希望利用修建地铁换乘系统的契机把这个想法落实下去。

3. 公共空间体系

静安寺地区的公共空间在上海中心城区中是最具特色的,在寸土寸金的地方有一个宁静的寺庙和公园,非常少见。这也是静安寺地区城市设计最为成功之处。

《静安寺地区城市设计》公共空间设计准则包括静安核心绿地与商业综合体内院的设计控制。其中静安核心绿地堆土成丘,建小亭于山上与古寺形成对景的做法都得到实施,原规划"下沉广场标高−5.00 m,与地铁站以踏步联系。下沉广场除交通功能以外还作为休息、交往场所。可与小商店、咖啡、茶座结合。"除下沉广场实际标高改为−7.00 m以外,其他都按原设计实施。建成后的静安寺广场成为地区城市名片,胡锦涛、习近平、黄菊等中央领导人都曾到访。静安寺广场是上海三个著名的下沉文化广场之一(另外两个是南京东路的世纪广场和上海科技馆前的圆形下沉广场),上海群众性文化活动常在此举行。静安寺广场在世博会期间承担了50～60次的世博主题活动,其中包括一些各国代表团主办的活动,可见静安寺广场在上海文化活动中占有重要地位。会德丰广场建成后,按照原规划将转角空间奉献给了城市,并且因为出众的景观设计,市民满意度非常高,成为静安寺地区公共空间的又一亮点。

然而相对原规划,没有实施的部分也占了相当大的比例。首先是围绕静安寺的绿化空间由于华山路无法下穿和庙东步行街的变更而没有得到实施,这样,"园包寺"的设计构想只能说是部分实施。而1998年设计的"T"形公共空间——1 200 m² 的高台式中庭广场＋庙东步行街,前者没有建成,后者位置变更且面积缩小。又因为高台式中庭广场没有建成,原综合体作为一个有机整体的设计也落空了,现在的航站楼、久光、宏安瑞士酒店在功能和形式上都相互隔绝,只在南京西路界面对久光和航站楼做了生硬的立面连接。这些建筑位于地铁出口处,且处在整个地区的中心位置,对城市有机体系来说,公共空间活力丧失是一个相当大的损失。

另外,原定于静安寺寺庙山门前的人流集散广场未建成,庙前空间太逼仄,如果有一定的退后,使用舒适度会大大提高。而久光门前的退后处理形成了一个放大的空间,比较受欢迎。

4. 建筑群体形态(空间景观体系)

静安寺地区总体城市形态呈中心低周边高的态势,凸出核心区寺庙建筑及静安公园绿地;"从高架上看去,是一片城市绿洲[①]"——这个城市意向在 2011 年 1788 国际中心建成后完整的为市民展现出了设计师最初的构想,高楼围绕中心文化和生态绿地的城市意象非常明显,这也是城市设计控制最成功的方面之一。原来的静安寺被埋没在商业建筑之后,公园也同样被沿街店铺遮挡,城市设计将二者集中展现在公众面前的做法使静安寺地区与南京西路上的其他城市节点(如梅恒泰地区、石门二路等)之间产生了明显的不同,地区特色得到了彰显。"寺庙后的讲经台塔是华山路和愚园路的对景"也在静安寺宝塔建成后得到实现,而且由于金光闪闪的效果,比预想的好(见图 4-5)。

在整体景观空间控制中,没有实施的部分即是"加强门户感"的二层步行天桥。

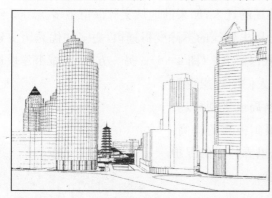 

图 4-4 原设计中核心空间北入口门户控制意象 　图 4-5 建成对景效果图

本地区建筑的高度控制,以静安寺的低矮建筑群形成台阶状升高的空间模式,低层圈以寺庙建筑和中心绿地为核心,控制在 25 m 以内,这一控制圈在实施中得到了贯彻。其外的高层圈,建筑高度随着与核心距离增加而逐渐增加,久百城市广场从东北向静安寺跌落,最高处 9 层 53 m,浦东机场城市航站楼 11 层,高 66 m,航站宾馆 25 层,高 100 m 左右。高层圈(会德丰广场、越洋国际广场)都高于原规划,但最终这种结果是可以接受的[②]。

---

① 见附录 G2《对城市设计师张力老师的访谈记录》。
② 基于 BOT 理论,交通发达区域的城市开发度应当集中并且适度增加。

5. 历史文脉保护①

静安寺地区建设模式经历了从"大拆大建"转向"保护性开发"的过程。20世纪80年代起,伴随着上海市危棚简屋改造进程的加快,静安先后经历了旧住宅成套率改造、365危棚简屋改造和拆落地改造等阶段,城区建设进入"大拆大建"加速发展期。1990年代末,政府确立"双高"发展目标和"一轴两翼,南留北改"的总体发展格局,高强度开发活动进一步增强,大量历史建筑和里弄住区被新的建筑代替,但城市设计还是在历史保护方面作出了努力。其中在1995年文本保护的内容有中国福利会少年宫、静安寺、百乐门、32株悬铃古木以及南京西路的商业文脉。

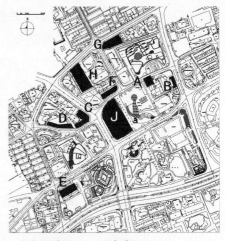

A 刘长胜故居	E 少年宫
B 张爱玲故居	F 愚园路128号
C 百乐门	G 上海市中医学会
D 愚园路258号	H 柳迎邨里弄住宅

图 4-6 历史建筑保护现状图

历经20多年的大规模城市建设,静安区中心城市景观呈现新旧交杂的格局,城市道路拓宽、周边建筑不断"长高",历史建筑周边的环境不断改变甚至完全置换,原住民的搬迁和外来移民的迁入,原来的地域文脉保留不多。2003年新的历史建筑保护措施加强之后,政府对历史建筑的拆除变得谨慎,更多的优秀历史建筑如刘长胜故居、张爱玲故居、柳迎邨等被保留下来(图4-6)。另一方面,当城市建设达到一定程度,经济发展满足基本需求后,人们的思想更多的转向对文化及传统的关注,不仅是文物局或规划局,上海市民社会对历史文脉的保护思想也得到极大的提高。当今上海主张"保护性开发",历史建筑、里弄住宅的保护思想开始向保护和开发相结合的方向转变。

4.1.1.3 核心地块实施结果分析

《静安寺地区城市设计》设计准则一章对中心区几个重点建筑的设计提出了具体要求,以控制这些建筑与城市的关系。下面就几个建筑建成情况与原准则控制进行比较。

图 4-7 会德丰广场位置示意

---

① 本节内容已将《静安寺地区城市设计》文本中对历史文脉保护与交通换乘体系的专题研究概括进来。

1. 地标建筑——会德丰广场

会德丰国际广场位于南京西路和华山路交界处,南京西路 1717 号,在上海顶级商业中心——南京路商圈占重要位置。总高 270 m,紧临静安公园,轨道交通 2 号线和 7 号线近在咫尺,延安路高架轻松可至。办公楼南面的商业裙房设有餐饮配套设施,为楼内租户提供服务。总建筑面积约 106.609 m²,54 层,标准层面积约在 2 100 m² 左右,是浦西市场上的超甲级写字楼。开发商为上海会德丰广场发展有限公司。租金价格 7～11 元/平方/天,物业费 35 元/月/m²。

表 4-2 会德丰广场建设要求与实施结果比照表

原规划控制要点	建成项目实施结果(会德丰广场)	实施效果图片
提供整体城市认知意象确立地区空间标志,并为视线走廊、轴线端点、门户框景提供视觉焦点及对景,增强场所识别性	该建筑已经成为南京西路上非常具有标志性的建筑,从各个方向进入静安寺地区都能从远处先看到该建筑	
中心地标主塔(由 2 个不等高塔楼组成)楼高度控制在 160～190 m 范围	塔楼高度 270 m,且是点式塔楼(将两栋塔楼合并为一栋)	
建筑形态应是无方向性,可表达简洁向上的空间意象,力求具有雕塑感与稳定性	建筑从各个角度看没有明显区别,基本满足无方向性的要求,形式简洁具有雕塑感	
延安路高架上观察		
南京西路东向人流进入观察		
南京西路西向人流的观察		

2. 东入口门户——越洋国际广场

越洋国际广场位于上海市南京西路 1601 号,占地约 21 000 ㎡,建筑高度 188.9 m,由一幢 43 层的甲级办公楼、5 层的主题商场和 24 层的超五星级精品酒店组成,整个项目总建筑面积近 20 万 ㎡,于 2007 年年底竣工。其中最下面的 5 层,约 4 万 ㎡ 作为商场将引入国际一线品牌以及高档休闲、餐饮业。越洋房产有关负责人表示,越洋广场整体投资计划为 3 亿~3.5 亿美元,品质与环球金融中心项目、新鸿基陆家嘴项目类似。建成之后与嘉里中心二期等构成新的写字楼

图 4-8 越洋广场位置图

群。办公租金价格:13 元/日/㎡,物业管理:37 元/月/㎡,开发商为上海越洋房地产开发有限公司。璞丽酒店是一幢高 24 层的超五星级精品酒店,总建筑面积达 20 万 ㎡,整座酒店有 209 间客房和 21 间套房。

表 4-3 越洋广场建设要求与实施结果比照表

原规划控制要点	建成项目实施结果 (越洋国际广场)	实施效果图片
考虑南京西路东侧导向静安寺地区的标志,也是常德路向南京西路的端景	该建筑与会德丰广场一同组成了南京西路东侧导向的地标,关系和谐,端景效果明显	
限高 120 m,两栋点式塔楼	两栋点式塔楼,办公塔楼高度 188.9 m	
建筑的塔楼与地标建筑相比应更具亲切感	该建筑形态平和,设计简洁、利落,与地标建筑会德丰广场风格各异,相对更高大和具有雕塑感的会德丰广场,该建筑显得内敛、亲切	
裙房部分考虑地铁出风口设计,并考虑地下层与地铁站之间地下商场的联系,裙房与下沉广场连通	地铁 7 号线与 2 号线之间的连接通道经过该建筑地下,并与该建筑地下商业相连,但其裙房未与下沉广场连通	
设计时应与跨路天桥紧密结合,统一设计	跨路天桥未考虑	

3. 古寺建筑——静安寺寺庙建筑

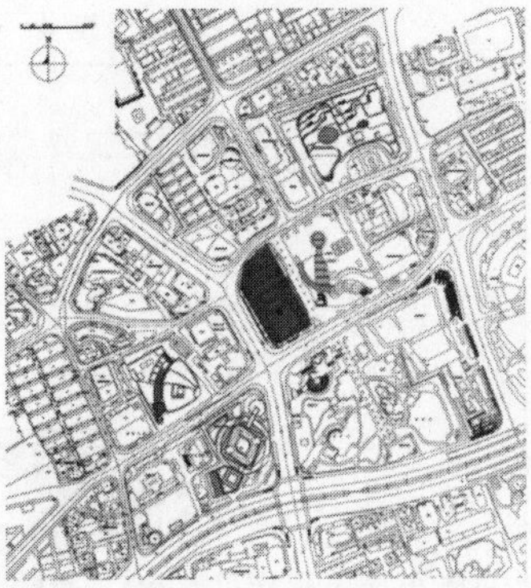

1998 年至今,已先后完成山门、钟楼、鼓楼、大雄宝殿、东厢房、西厢房、正法久住和静安佛塔等 8 幢建筑单体,并已投入使用。正在建造的法堂(含金佛殿、知恩阁、报恩阁)和愚园路商业综合楼加固改建工程 2011 年可基本完工,整个改建工程 10 个单体总建筑面积达 2.2 万 m²。

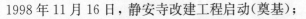

1997 年 9 月 11 日,被鉴定为危房的静安寺拆除了功德堂前厅、客堂、事务处等房屋;

图 4-9 静安寺位置示意图

1998 年 11 月 16 日,静安寺改建工程启动(奠基);

2000 年 12 月 14 日,初步设计方案通过,改建工程启动,钟鼓楼开工仪式举行;

2001 年 5 月 20 日,钟鼓楼落成,慧明法师升座方丈;

2002 年,金佛工程启动;静安寺完成大雄宝殿基座建设,东厢房土建基本完成,西厢房土建结构封顶;

2003 年 12 月 28 日,新山门建成;

2005 年 3 月 3 日,阿育王柱工程启动;

2007 年 5 月,阿育王柱(梵幢)落成,长 18 m,直径 2.1 m,重 160 吨。石柱上部为 16 吨白铜浇铸表面贴金的四面狮吼像;

2007 年 10 月 23 日,静安寺 1760 年庆典,福慧宝鼎落成,大雄宝殿开工;

2008 年 6 月,上海静安寺商厦有限公司将愚园路 157 号商业楼(即鸳鸯酒家)房屋置换给上海市佛教协会,由上海静安寺统一纳入静安寺改造计划。置换后,将愚园路 157 号用地性质由原商业用地调整为宗教用地,作为寺庙配套房使用;静安区规划局遂提请上海市规划局对《静安寺社区控制性详细规划》076-1、076-2 地块作局部调整,调整内容涉及用地性质、容积率等;

2008 年 12 月 28 日,静安寺举行大雄宝殿落成庆典。大雄宝殿殿高 26 m,底层为千人讲经堂,地下为 1 000 m² 的藏经库;

2009 年 4 月 15 日,静安寺宝塔、金佛殿开工;

2009 年 12 月,鸳鸯酒家改造工程开工;

2010 年 5 月 18 日,总高 63 m 的宝塔在静安寺庙外的西北角拔地而起,前寺后塔的格局初显;

2010 年 10 月,在区重大办、静安寺改建办等部门的协调推动下,鸳鸯酒家改造为综合楼,功能定位为餐饮素斋馆,建筑形象初显;

2011 年 10 月,法堂(含金佛殿、知恩阁、报恩阁)完工。

以下表格是城市设计对该建筑的要求与实施结果的比照:

表4-4 静安寺建筑建设要求与实施结果比照表

原规划控制要点	建成项目实施结果(静安寺寺庙建筑群)
古寺抬高在一层基座上,不致被周围环境淹没	实现
总体布局不追求严格对称,只是在中轴线上布置几进主殿建筑,轴线两侧布置配殿(控制图) 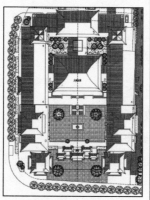	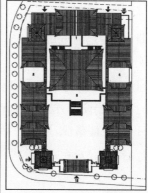 实现(建成总图)
八角形寺塔宜设于古寺西北角,约15~20 m高,高度不宜超过大雄宝殿。建筑按宋式设计	宝塔设于西北角,但是高度为63 m,高度大于大雄宝殿(26 m),宝塔形式不受宋式约束
寺庙基座——底层内部布置讲经堂、素斋馆、佛教商业、停车等内容,体型具雕塑感,少开洞,以隐蔽内部零乱的商业空间	大雄宝殿殿高26 m,底层为千人讲经堂,地下为1 000 m² 的藏经库。满足少开洞等要求
地下层主要布置佛教文物博物馆、佛教藏书院、库房、商业、停车及货运服务内院,博物馆部分与地下开放空间、地铁站联系紧密	未设置博物馆,且未与地铁站联系
1998年补充要求:静安寺山门后退钟鼓楼5~8 m,以形成小型广场空间,缓解大量人流(如图) 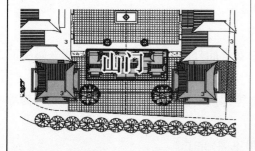	山门中心轴线两距华山路红线38 m,山门突出钟鼓楼1.8 m;厚度从6 m减至5 m(如下图) 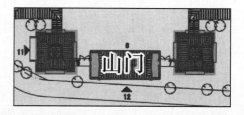

4. 商业综合体——久光百货＋城市航站楼＋航站楼配套酒店

图 4 - 10 静安寺与久光百货作为南京西路景观建筑照片

图 4 - 11 6 - 2 地块位置示意图

A. 久百城市广场

位于南京西路 1618 号,东靠静安寺,前临静安公园,是集商业零售、餐饮、超市、休闲于一身的城市型购物商场。该建筑占地面积 17 222 m²,于 2003 年 7 月建成,广场楼高 10 层,总建筑面积 91 613 m²。其中地上 9 层,地下 1 层,设有车位 187 个。建筑西南成跌落状向城市开放,与对面的静安公园绿地遥相呼应,连成一体。

B. 机场城市航站楼

由上海机场(集团)有限公司全资建造,投资近 3 亿元。占地面积 4 000 m²,高 64.12 m,总建筑面积 3 万 m²,地上 11 层,地下 2 层。工程于 2000 年 5 月 18 日开工,2001 年 12 月 15 日竣工,2002 年 6 月 14 日通过民航行业验收,并于 9 月 9 日正式启用,是上海市的重大建设工程。其南面为地铁 2 号线,旅客出发及到达、商场、计时旅馆、娱乐、办公、地下车库、地铁出口及连通空间等构成其主要功能,2 楼为办票大厅;3 楼为写字楼;4 楼为高级餐厅;5 至 9 层为标准层写字楼;10 至 11 层为体育会所。

C. 航站楼宾馆

位于静安区愚园路 1 号,南邻城市航站楼,西靠久百城市广场,占地面积约 7 500 m²。2004 年 7 月开工,2007 年 6 月竣工,2008 年 4 月开业。命名上海宏安瑞士大酒店,共有客房 467 间。共 25 层,高 98.9 m。

表 4 - 5 6 - 2 地块建设要求与实施结果比照表

原规划控制要点	建成项目实施结果(久百、航站楼以及航站楼配套酒店)
地下层设地下商场或部分地下商场,以保证地下空间步行系统的建立,特别注意与地下地铁站的联系	实现。久光地下商场设置了地铁 2 号线出口,与地铁步行系统连接良好。航站楼也设有地铁 2 号线的出口,但布置在建筑南面直接出地面

考虑到南京路空间传统的高宽比,建议综合体采用内院式的空间布局,设二层内院平台作为公共开放空间	未实现 (久百、航站楼以及航站楼配套酒店) 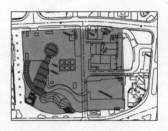
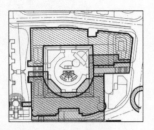	
根据地区的城市空间形态特征要求,综合体高度控制在 8 层以内,综合体旁设高层建筑一栋,高度在 100 m 以下	久光 9 层,航站楼 11 层,航站楼配套酒店 25 层塔楼,均超出 8 层的控制界限 

综合体西南及西侧在不同层次布置能观瞻寺、园核心绿地的空间,可结合购物、娱乐的休息,以提高地区的景观资源的效益	久光在面向寺庙和公园立面设置了大玻璃界面以及观赏区,并且设置多层次室外开放空间,提供了市民观赏核心绿地的公共空间
综合体西立面是核心空间的界面,特别要注意体量变化和天际线	 久光西立面看去,天际线呈退台形式,变化丰富

5. 公交枢纽站——静安寺交通枢纽

项目用地面积为 20 235 m²,两地块联合开发,统一设计,同步施工。本地块作为区域综合交通换乘枢纽,规划 4 条线路的通过式公交首末站一个,位于西侧地块北部,且与轨道交通 2♯线建立便捷联系。有较强的蓄车能力,公交枢纽与常德路间的车道长度满足公交管理部门蓄车 8 辆的要求。总建筑面积 122 668 m²,机动车停车位 437,非机动车停车位 2 200,建筑塔楼 19 层,高 99.9 m,裙房7 层;

图 4-12 静安交通枢纽所在位置

2007 年 6 月 21 日,设计草案完成;

2008 年 12 月 18 日,上海市规划公布扩大用地面积597 m² 调整给西块的开发商——上海天顺经济发展有限公司使用;

2010 年 5 月 29 日,交通枢纽一期工程竣工并投入使用,可换乘轨交 2 号线和 7号线。

2013 年 1 月,交通枢纽综合项目全部竣工。

表 4-6 静安交通枢纽建设要求与实施结果比照表

原规划控制要点	建成项目实施结果(静安寺交通枢纽及商业开发)
静安寺地区公交枢纽站所在地块面积不足,部分占用相邻已批租地块的土地,而将其置换成部分容积率或允许其在枢纽站范围的上部增加建筑面积,与其开发内容(一般为商业)相连	交通枢纽与相邻地块联合开发,统一设计,同步施工,同时转让。以提供给相邻地块容积率补偿为条件置换交通枢纽用地。与原规划的建议一致
交通枢纽与地铁 2 号线之间的地下连接(图)	久光 9 层,航站楼 11 层,航站楼配套酒店 25 层塔楼,均超出 8 层的控制界限

4.1.2 静安寺地区公共空间环境使用情况调查

通过现场问卷调查、现场访谈、网上问卷调查、大众点评网、社会奖项等的总结,了解社会公众(静安寺地区居民、商贸、办公者、旅游观光者以及周边地区原住市民)对静安寺地区建成环境的感受评价,以帮助评估建设环境质量。

针对地区功能、交通、公共空间、历史文脉、城市景观等公共使用状况,笔者在静安寺地区发放了 300 份调查问卷,其中 278 份有效,以下从 6 个方面对问卷进行量化总结:

1. 地区功能

静安寺地区为上海市中心城区之一,因此建筑密度较大,图 4-13 为静安寺地区的建设土地关系图。静安公园的存在大大降低了地区建筑密度(图中黑色为建筑实体,白色为地块留白)。与 1995 年城市设计之前城市肌理相比,建筑体块明显变大,原里弄住宅和花园别墅只有为数不多保存下来。

图 4-13　静安寺地区现状土地关系(建筑密度)

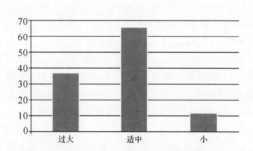

图 4-14　对建设环境的建筑密度评价

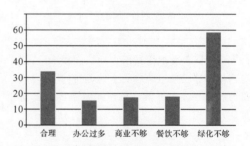

图 4-15　对建设环境的功能设施评价(商业、餐饮、办公等的配置合理性)

问卷调查结果显示:大部分人认为静安寺地区建筑密度适中,但在功能配置上,绿化面积过小。

2. 交通

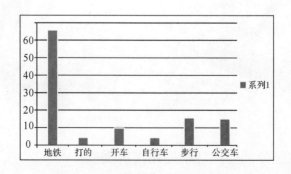

图 4-16　到达静安寺的交通工具选择

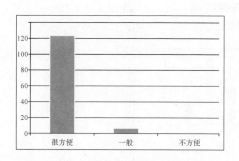

图 4‐17 静安寺地铁交通便捷程度调查

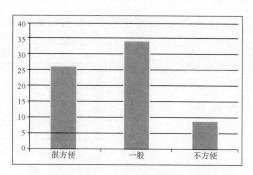

图 4‐18 地区自行车交通便捷程度调查

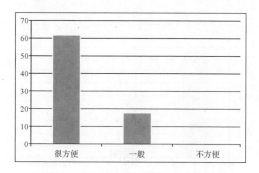

图 4‐19 地区公交巴士便捷程度调查

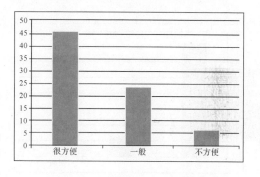

图 4‐20 地区步行便捷程度调查

交通评价总结:静安寺地区在消费者眼中是交通便捷、环境整洁的高档购物场所。优质的商业服务需吸引了大量外来客源,而地铁交通便捷程度远大于其他交通工具,因此大部分市民选择地铁到达。

静安寺是典型的公交网络密集地区,各种交通在此地汇集。调查结果显示:地铁交通成为最受大众欢迎的交通形式,99%的市民认为静安寺地区地铁交通很方便,80%市民认为地区公交巴士很方便,70%市民认为步行交通很方便,但只有40%市民认为该地区自行车交通方便。静安寺地区设有对自行车右拐的禁行道路,部分道路不设自行车道,且自行车停车区较少且分布不均,因此自行车交通成为本地区最为不便的交通工具。

图 4‐21 静安寺地区公共空间图底关系

3. 公共空间（庙弄步行街、静安公园和静安寺广场）

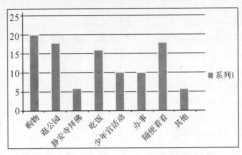

图 4-22　静安寺地区公共活动配比

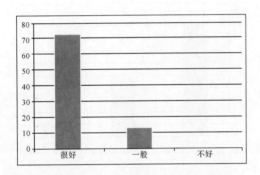

图 4-23　对公共空间绿化与休憩设施质量评价

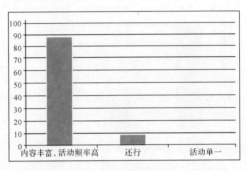

图 4-24　对静安公园活动的评价

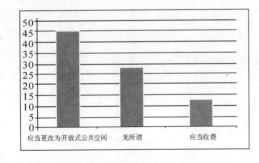

图 4-25　对静安八景公园收费措施的评价

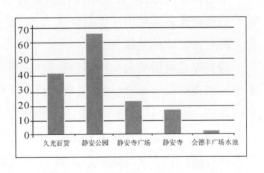

图 4-26　最喜欢的公共空间评价

公共空间使用情况总结：

从静安寺的公共活动配比看出：购物、逛公园和吃饭成为市民在本地区最常见的活动，因此久光百货以及静安公园为地区活力的主要来源。

静安公园：1999 年 9 月 25 日改建竣工后实行免费对外开放，由于周边缺乏类似的开放空间，建成之后便成为老人健身、下棋、唱歌唱戏，学生学习交流，小孩玩耍嬉戏以及展览、庆典、婚纱摄影、游人驻足休憩的共同去处。公园人流量大，每天客流量达上万人次。这里是静安寺地区最受欢迎的公共空间，其中静安八景收费公园的人流量较小，大部分市民建议改为开放式公园。

静安寺广场:静安寺广场较为安静,大多数市民表示选择静安寺广场作为等候区域以及休息区,大台阶形成了大量的休憩座位,同时下沉广场由于围合感和对噪音的遮蔽,较静安公园安静许多,受到青年人的喜爱,但老年人多不在此空间停留。

庙弄步行街:将南京西路与愚园路进行有效的联系,调查中多数使用者对此步行交通环境的舒适性和便捷程度都有良好的评价。步行街的建成加强了庙南庙北商业、交通的联系与互动。步行街东侧久百城市广场底层沿街为品牌店面,并设有出入口。步行街直接向公众开放,公众可以通过步行街进入两侧建筑。

但也存在一些不足,如静安公园和静安寺广场与越洋广场建筑之间被围墙隔开,航站楼与久百城市广场之间商业空间也缺乏沟通,在一定程度上削弱了该休闲娱乐购物中心的整体性以及公共空间活力。

4. 历史文脉

问卷调查显示:大部分市民并没有明确感受到文脉的保存,其原因有二:一是本地区活动居民大多为后期进驻的新居民,原住民已在大拆迁过程中搬出;二是上海整个现代城市建设大量的拆改建和对新的商业和办公的渴求使得地区密度和高度大大增加,呈现出的城市景象理所当然会与以前不同。但是本世纪以来静安区对老建筑的保护力度受到了大部分民众的认可。

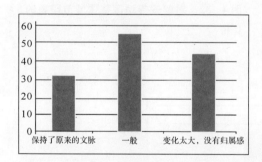

图 4‐27 静安寺地区是否保持了原来的历史文脉

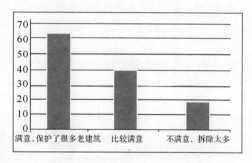

图 4‐28 静安寺地区对历史建筑的保护程度是否令人满意

5. 城市景观

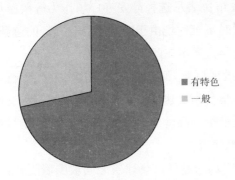

有特色

一般

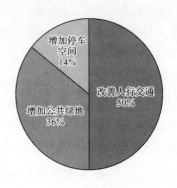

增加停车
空间
14%

改善人行交通
50%

增加公共绿地
36%

图 4-29　静安寺地区景观风貌的特色评价　　　图 4-30　最希望得到改进的部分

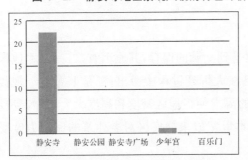

静安寺　静安公园　静安寺广场　少年宫　百乐门

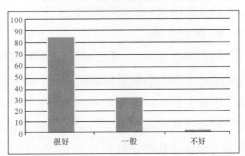

很好　　　一般　　　不好

图 4-31　最能作为本地区的代表的场所　　　图 4-32　对静安寺地区整体城市印象的
　　　　　　　　　　　　　　　　　　　　　　　评价

6. 静安寺地区办公楼崛起状况评价

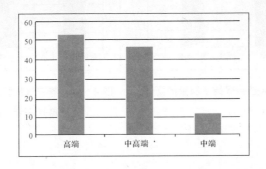

高端　　　中高端　　　中端

图 4-33　对静安寺高端商务商业区的认同程度评价

　　原城市设计目标是将静安寺地区打造成高级商业中心,但随着时间推移,政府对地区功能定位作了调整,静安区增加了大量办公功能,如会德丰广场商往用地改为办公、越洋广场和嘉里中心办公面积增大等,"金五星"办公群成为如今静安的地区名片之一。

表 4-7 会德丰广场招租情况表

所在区域	静安区	所属商圈	南京西路
物业地址	南京西路 1717 号	开 发 商	上海会德丰广场发展有限公司
空 调	中央空调,周一至周五 8:00—18:30	物业公司	仲量联行
租金价格	¥7~11 元/平方米/天	电 梯	20 部
物 业 费	¥35 元/月/平方米	车 位	¥1 500 元/月

调查显示:

大部分公众认同本地区已经成为高端商务商业区。在上海市对商务办公楼综合评比(上海办公楼风尚地标奖)中,本地块的会德丰国际广场、1788 国际中心获得多个奖项,地区办公招商的日租金也处于高端价位,地区发展高端商务区的势头明显。

4.2 静安寺地区城市设计实施过程分析

对城市设计的过程评价分为对设计编制过程(与实施过程同步)和对管理阶段的考察及评价,前者主要涉及城市设计师在编制过程中的行为及所完成的文本,后者主要针对政府管理者实施过程及所达到的效果。

4.2.1 对城市设计编制过程的分析评价

静安寺地区城市设计作为上世纪 90 年代中期中国人主持的两个重要城市设计[①]之一,之所以成为典型案例,一是因为设立了统一开发工作室(静开办),二是由于城市设计师卢济威教授在设计完成后的 10 年里一直参与静安寺地区开发的审批(图 4-34)过程,并且根据社会、政治、经济等因素的改变,进行城市设计的调整工作,其中包括 1998 年的设计调整和 2005 年因地铁线路交汇而引发的城市设计调整(静安公园地铁枢纽及地下空间开发城市设计)。在静安寺地区的建设基本完成的情况下,2007 年静开办并入区"重大办",至此,卢济威教授结束了长达 13 年的静安寺城市设计相关工作。此后还一直保持对该地区建设情况的密切关注,因与地铁办及规划局相关管理者形成多年的合作关系,也常常就相关专业问题为静安区发展提供建议和指导。

作为一个没有明确"身份"[②]的参与者,卢济威教授以强烈的责任感和巨大热情投入到这项设计中,在没有总建筑师制度的中国,坚持担负起了"总建筑师"应当担负的责任。

---

① 另一个是 1995 年中国建筑大师张锦秋主持设计的西安钟鼓楼广场。
② 常规来说,设计师在完成文本编制后即不具备控制项目的权力。

另外,作为建筑师出生的城市设计专家,卢济威教授具有良好的三维空间思维能力,这种能力体现在公共空间、交通空间的立体化上,也体现在对具体开发地块建筑布局的预设(不属于控制范围)与后期实施效果惊人的相似上,虽然城市设计对建筑的具体布局不作规定,但是规划局能据此在设计初期看到直观的整体空间分布状态。由于对建筑设计的了解,城市设计师能很好地与建筑师交流并对建筑设计提出合理的要求和问题解决方法,从而更好地达到城市设计的目标①。由于具备完成具体建筑工程的能力,卢济威教授参与了核心建设项目静安寺广场的投标,最后在诸

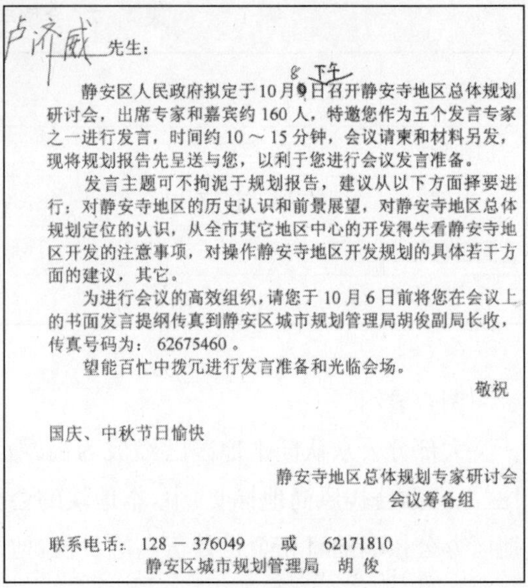

卢济威先生:

静安区人民政府拟定于10月9日召开静安寺地区总体规划研讨会,出席专家和嘉宾约160人,特邀您作为五个发言专家之一进行发言,时间约10～15分钟,会议报告和材料另发,现将规划报告先呈送与您,以利于您进行会议发言准备。

发言主题可不拘泥于规划报告,建议以以下方面择要进行:对静安寺地区的历史认识和前景展望,对静安寺地区总体规划定位的认识,从全市其它地区中心的开发得失看静安寺地区开发的注意事项,对操作静安寺地区开发规划的具体若干方面的建议,其它。

为进行会议的高效组织,请您于10月6日前将您在会议上的书面发言提纲传真至静安区城市规划管理局胡俊副局长收,传真号码为:62675460。

望能百忙中拨冗进行发言准备和光临会场。

敬祝

国庆、中秋节日愉快

静安寺地区总体规划专家研讨会
会议筹备组

联系电话: 128 – 376049 或 62171810
静安区城市规划管理局 胡 俊

图 4 - 34 邀请函

多建筑师中获胜,亲自完成了静安寺广场的设计,这也是城市设计思想得到全面表达至关重要的一点。城市设计师在静安寺地区城市设计中引用了诸多在国外已成熟的设计手段和管理思想,如:全面的设计内容(用地、交通、公共空间、空间形态、历史保护和生态、控制准则)、容积率转移法的使用、公私联合的开发建议、打破地块界限的整体开发模式、功能混合的设计理念、争取寺园结合的城市中心绿地、地下空间大面积开发与连通的设计、公园地下作为公共停车场的设计思路,这些思想在当时都是突破了中国常规操作模式和既定规则的尝试。因此,设计师的工程经验与开阔眼界对一个城市设计好坏与否具有决定性作用。

然而,没有完美的设计,在静安寺地区城市设计过程中也存在着一些问题:

1. 城市设计文本控制内容的缺失

城市设计准则的内容多属于"建议"内容,如6-2地块的高台式中庭、二层步行系统,都没有强制要求设计的具体位置、建筑控制线、操作办法等。

以跨路二层天桥为例,对文本内容进行分析:

"本地区设置4条跨路空间,分别编号为A、B、C、D,除B天桥外,其他3条均为无盖通过式人行天桥。净宽为8 m,底部净高不小于4.5 m,桥面标高6 m……②"本段内容虽指出了天桥的形式、高度等内容,但是并未在地块规划红线上作出要求,也没有详细位置控制图纸。

---

① 如在控制久光的设计手法上,卢教授与杰德方设计师进行了良好的沟通。
② 参见本书2.3.1.5设计准则的内容。

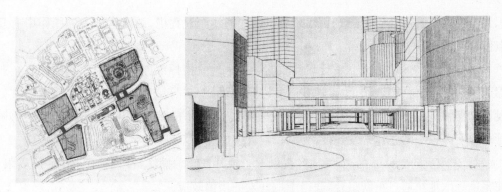

图 4-35 二层步行系统位置图及效果示意

"考虑天桥作为形成核心区东侧界面的重要角色,其形式构图、色彩材料运用等应与路北商业综合体和路南商贸大楼统一考虑。"本段内容说明了跨路天桥实施的原因,需要考虑的规划控制要点,有利于管理者理解其规划意图并根据目的进行审批控制。

城市设计文本虽设有"设计准则"一章,但是控制度不高,给予管理者自行决策的度比较大,因此此设计内容是否得到执行,管理者是否有意愿进行控制变得至关重要。

静安寺地区城市设计中关于地下交通的部分以及城市形态控制的内容因获得政府的一致支持而得到了全面的实施,而二层天桥落实时政府管理者经过几番换届和行政管理政策的变化,成为一个不被管理者"看重"的控制要素,此乃二层天桥完全未尝试实施的根本原因。

另外,静安寺地区城市设计虽对交通换乘系统作了专题研究,但是却因未预料到21世纪静安寺站成为3条地铁线路的换乘点这一情况,导致设计未预留三站换乘的条件。

2. 城市设计编制过程中市民参与的缺位

公众参与的必要性不仅体现在规划实施阶段,而应当贯穿城市设计开始到结束的整个过程,甚至到后期管理维护阶段。城市设计编制初步完成后应公示方案以征询市民意见。但是20世纪初期几乎所有城市设计都直接忽视市民这一团体的反应,设计师(国内或国外)往往将管理者默认为整个城市公众利益的代表(或将自己的服务对象拟定为政府部门),静安寺地区城市设计的编制过程也存在同样的问题。城市设计师与政府管理者进行了多轮方案修改和意见交换,并且召开了已批租地块开发商的开发意向交流会,因此规划文本对开发强度及建筑空间布局都有相当细致的考虑,后期实施基本保持了形态设计原貌。但是,新建地块周边居民的意见收集反馈这一步骤,虽然职责上应当由政府部门来组织,设计师没有责任也没有权力实践这一过程,但城市设计作为公众利益的代表却无法回避将市民意见纳入设计方案这一责任。因此可以说,设计编制过程缺少一个步骤,即针对市民意见所进行的方案调整。

4.2.2 对城市设计实施管理过程的分析评价

"三分设计,七分管理",静安寺地区城市设计形态能基本实施,静安区政府采取的组

织管理模式非常重要。在静安寺地区城市设计的实施过程中,政府管理者的操作中有几点值得借鉴:

1. 1995 年,区政府成立了行政性质的静安区地铁指挥部办公室,与下属的国有企业锦迪房地产有限公司合作,负责地铁静安寺站的拆迁与建设工作。地铁办在后续的城市设计过程中进一步扩大管理范围,成立代表区政府的静安寺地区开发办公室,统一协调管理静安区核心的整体开发建设,为城市设计实施打下基础。

2. 在政府的支持下,静安寺地区得以对土地开发统一操作,打破原有土地使用界限,使零星分散地块通过重新组合,获得土地开发的增值效应。

静安寺广场的建设,更是打破土地使用权界限,把房地产开发的商场(伊美时尚广场)放到地下,静安公园一直延伸到其上方,形成起伏地形的绿地。对地铁 2 号线与城市公共广场建设的组织协调工作,如通风井布局设计等成为上海首例地铁建设地上地下一体化的设计。静安寺广场的成功不仅是设计方案的成功,也不仅是工程质量的优秀,而是结合地铁交通、连接周边地块、突破用地界限、协调公私利益的典范。

3. 静安寺整个实施过程并没有切断与原设计师的联系,而是在外界情况不断变化的情况下始终与之商讨对策,表现出对设计师专业能力的尊重。

静安寺地区城市设计虽经历了 15 年的长期过程,历经了四届政府领导更替,多次规划法规和城市总体规划目标的调整,但始终坚持了原来的设计思想,只在细节上作调整,这一点是一般城市设计最难做到的。上海作为中国接受西方理念最迅速的中国城市之一,管理者较好地接受了"规划需要每一届政府共同努力完成"的理念,因此静安寺地区城市设计有幸得到了全面的实施,而不是被一轮又一轮的"翻新"规划替代。

4. 事实上,规划局及其管理者可以掌控的资源十分有限,由于城市设计缺乏法律依据,很多项目不是规划局可以掌控的,开发商只要满足法定指标,而其他诸如对城市形态和景观协调方面的城市设计管理则很难实施。

规划局对建设项目的管理依据主要为《上海市城市规划管理技术规定(土地使用建筑管理)》,规划管理主要通过"一书两证"①从开发容量、高度、退界间距、日照等几个刚性指标上进行审核,而涉及建筑形态要素的控制,即采取组织专家评审的方式对开发商和建筑师提出的方案进行论证和提出修改意见。在这个讨论过程中,开发商为了获取地块的最大使用效率和开发效益,往往对整体城市环境不作考虑,而上海政府的执政目标恰是"服务型政府",为开发商提供良好的投资环境以吸引资金,改变旧区面貌,当开发商态度强硬时,规划管理者便处在两难的境地,必须作出选择——是城市公众环境利益还是

---

① 2003 年后上海"两级政府,三级管理"政策实施,除少数重要地块由市局审批,一般项目方案设计由区规划局规划科审批,与建管科共同审批初步设计图纸,由建管科审批施工图设计。规划科负责项目选址意见书、建设用地规划许可证,建管科负责建设工程规划许可证。审批后的规划监督由区规划局监督检察科负责,以便及时发现施工过程中的变更问题,最后是工程验收。

城市建设效率,理解这种处境,就不难解释规划局在审批过程中所作的种种退步。因此,像静安寺交通枢纽工程、久百城市广场及庙弄步行街这些项目建设所取得的部分成效,必定是充分发挥管理者的主观能动性、几经周折达到的。

但是,在静安寺城市设计管理实践过程中也暴露出一些问题:

1. 条块管理矛盾

一方面,区规划局在行政上受地方政府管理,在业务上受市规土局领导,条块领域各有自己的管理目标与原则,区规划局在其中常常扮演"三夹板"的角色。另一方面,规划局在管理过程中会经常与园林、交通、市政部门等产生交叉,而中国管理体制的"纵向有序,横向无序"①性使得同一级各个管理部门之间的沟通受阻,谁都不服从谁的管理。

在静安寺地区城市设计工程启动的动员大会上,区长对各个部门的要求正是"**整体合力**,各责任单位要**识大体**、**顾大局**",借静开办这个统筹协调机构,静安寺地区城市设计在前五年的实施过程顺利(如静安寺广场与地铁配合设计施工、与静安公园打破土地权属的建设模式)并且得到了极高的完成度。但是,在这个过程中,由于市政部门反对不得不放弃了华山路下穿的计划;由于绿化部门的反对静安公园下的大型地下停车场也没有得到批准;由于交通部门的不理解,二层步行系统从根上没有得到认同而不得不沦为空想……而这样的管理失调并不是静安寺地区特有的现象,本质上归结于中国行政管理制度的整体弊端。

2. 城市设计相关条款未被纳入规划设计条件或方案审核意见

城市设计在中国不具备法律地位,城市设计的控制内容因此不被列入开发商必须遵守的规章条例中,因此规划管理部门在城市设计的操作过程中一是没有过硬的牌可以出,二是当管理者不理解或不支持城市设计的某项控制提议时往往便是此项提议被"打入冷宫"的时刻。因此,城市设计的法律效力问题一直是影响城市设计有效性一个关键因素。

3. 专家评审制度不够完善

静安区多项工程属市重点项目,因此评审制度较严格,市规划局在控制前期规划上也较区政府严格。但是评审结果对建筑设计最后的实施效果影响程度令人怀疑。

另外,在静安寺地区城市设计的实施过程中,由于前期执行领导人对该规划的支持,以及与设计师的密切关系,城市设计师在方案评审中占有重要地位,相当于美国城市设计中的总建筑师一职。但是随着政府管理者的更换,规划实施的一步步完善,设计师渐渐淡出了项目决策行列。到2007年,作为上海市建筑学会的会员,卢济威教授也并没有因对静安寺地区的了解深度而被邀参与静安寺交通枢纽工程、1788国际中心的方案评选及静安寺各项改造的专家讨论会。不可说没有城市设计师的专家组不是完善的专家组,

---

① 参见:孙施文.现行政府管理体制对城市规划作用的影响.城市规划学刊,2007(5)

但静安寺地区召开的专家评审会专家组成员的构成情况实需调整,城市设计、交通、景观等专家必须配备,而城市设计师往往是此配置中缺少的一类。而我们强调,城市设计专家有必要是对原来的城市设计有一定了解的人。因此,在专家评审工作的组织上,静安区规划局都按既定程序完成,但是专家人员构成上有所缺失,同时,最后的评审讨论结果,并没有受到相应的尊重。例如,静安寺宝塔的高度并没有因专家的研究结论而控制在 60 m 以下,宝塔的"方丈"钟爱之形式也并不因规划局专业人员、建筑师、评审专家的质疑而有半点修正。

4. 与建筑设计方(建筑师)的沟通

在整个城市设计中,静安寺建设设计由于是在城市设计原稿的基础上进行修改,控制要求得到了体现。静安寺广场由城市设计师本人执笔,也几乎 100% 地得到了实施。久光百货 1999 年洽谈设计事宜,甲方公司上海九百集团在城市设计师的推荐下邀请美国捷德设计,因此城市设计师得以与建筑师进行充分的沟通,久光百货的设计也因此在呼应城市关系上得到了一致好评。而其他项目的设计师,大多未与城市设计师进行沟通,当然,政府逐渐不再把城市设计作为建筑项目审批的重要依据也是原因之一。体现在项目选址意见书上的要求,是规划局与建筑设计师的唯一交流,这种交流的缺失,也导致部分建筑设计因不受城市设计指导思想的影响而没有达到城市设计的意图。

本章小结　静安寺地区城市设计实施效果综合评价

总的来说,城市设计的总体目标基本达到。静安寺地区成为上海名副其实的最富特色和活力的中心城区,交通便捷,人文自然环境和谐发展。城市设计所制定的结构性框架(寺、园结合)得到实施,城市总体形态(高层围合中心绿地及寺庙)也得到了完整的诠释,但建筑高度普遍高于原城市设计预想。地区交通作为设计要点,很好地解决了静安寺地区建筑及地铁站之间的联系问题。

1995 年城市设计所规划的城市形态,极好地指导了地区开发,为政府提供了一个直观的意象和一套可操作的办法。该城市设计的形态建设定型后,成为 2002 年南京西路规划的基础,并且确定了南京西路建筑制高点的分布。作为上海的发展轴,南京西路如果是一条龙,那么静安寺地区真正起到了龙头作用。

美中不足之处:华山路下穿、二层步行系统、静安公园下大型公共停车库、高台式中庭广场等设计在诸多因素作用下没有得到实施。

城市设计并非设计建筑,而是设计体系。对于静安寺地区城市设计来说,土地使用、交通、公共空间、文脉、生态景观五大体系的设计内容与实施结果达到了 80% 的吻合度,因此可称为一个成功的案例。城市设计师与规划管理者在后期实施过程中都发挥了主观能动性,且在一定程度上代表了公众利益,为静安寺地区的发展贡献了汗水与智慧。

5　分析——静安寺地区城市设计实效的成因分析

城市设计在实施过程中受哪些因素影响？各个因素在不同的建设项目中作用有何不同？本章将从社会结构性因素和城市设计各方行动者两方面对静安寺地区城市设计实施过程中的8个建设实例(第三章所描述的8个故事)进行成因分析。

5.1　城市空间环境形态是多种因素共同作用的结果

城市空间环境形态是由多因素共同作用形成的，城市设计只是其中的一个因素。体制、规划法规、经济、社会、文化等结构性因素都会对城市设计的原型进行冲击，它们是城市设计的外部运作环境。这些因素为开发过程各方行动者的社会行动与互动提供一个限制和发挥能力的框架，城市设计实践就是在这样的框架内运作的。

5.1.1　体制因素

政治体制的变化，是社会变化的根本。邓小平领导的改革开放使中国实行了三十余年的计划经济体制宣告破产，中国特色社会主义市场经济走上前沿，这一事件对中国社会造成了深远影响。配合社会主义市场经济体制改革的目标，上世纪九十年代上海年代积极进行制度创新，从土地批租、地方财政、行政体制以及城市规划管理等一系列制度安排上进行了重新调整，使政治体制与新的市场经济体制相适应。这些制度性因素变革构成上世纪九十年代上海城市空间发展的重要动因，城市设计的实践就是在这样一个制度结构下运作的。静安寺地区城市设计是上海城市建大发展浪潮中的一波，其设计与实施从根本上受到这些制度因素的影响，其中影响最大的是土地制度改革与政府管理体制改革。

1. 土地制度——1987年上海开始实行土地有偿有限期使用、出让、转让，使土地成为地产，这项土地制度改革直接促进了房地产业走向市场经济。1992年邓小平南巡讲话后土地批租情况火热，结合大量房地产外资，上海旧区改造速度加快。1993年上海市开放外资投资内销房，"对土地批租制度继续简政放权，完善两级管理"。2001以后，上海住房制度的全面改革带动了整个房地产业的发展。这一系列的土地制度改革，是上海旧城改造及新城建设的根本动力。静安寺地区城市设计也是在这样一个社会基础上开始的。

2. 政府管理体制——改革开放后地方政府的经济运行自主性逐渐加强。"简政放权"、"分权化"是上海1992年以来行政体制改革的总体特征。"两级政府，三级管理"后，上海连续几次大规模地向区一级下放包括人事、财政、行政与审批在内的管理权限，让区长变成"小市长",不断增强区县的调控能力(金勇,2008)。在城市规划管理上进一步明确了市区在城市建设和管理方面的职责,区县参与市政建设、实施旧区改造的积极性大大提高,同时也造成了各区县政府之间的竞争,"效率"优先成为政府的基本行政原则,各地区政府追求快速发展本区经济、迅速改变本区城市面貌,这种绩效诉求,解释了静安寺政府寻求城市设计方法以解决地区发展问题的急迫心情,也是最后城市设计实践中政府一再向开发商妥协、以牺牲市民利益为条件换取城市建设早日完成的原因之一。

5.1.2　规划法规

城市规划管理方面的政策法规是城市建设最直接的影响因素,这些政策法规包括城市总体规划、城市规划管理条例、控制性详细规划的发展(立法)、历史建筑保护管理办法与规定等。城市规划管理条例中多层及高层的退界规定致使高层加裙房的模式盛行;住宅区的日照规定使得城市所有的住区规划千篇一律难以突破;对历史建筑的保护强度决定了多少老建筑得到保存以及历史建筑的保护及发展模式等。静安寺地区城市设计长达15年的建设中,上海总体规划及各类法规的确立与变更都影响了城市最后的形态。

2003年上海《城市规划管理条例》中提出"双增双减"政策,按照"双增双减"原则,区规划局从2004年开始到2005年初开展中心城历史遗留项目规划梳理工作:对审批手续基本具备、容积率超标(住宅容积率超过2.5,商办容积率超过4.0)的376个历史遗留项目实行降容,建筑总量减少了405.4万平方米;对2003年12月1日以后审批的建设项目,一律按照修订后的容积率标准进行严格控制和审批,建筑容积率大幅下降,至2004年底,新批建设项目同比原技术规定,建筑总量下降约40%;增加了公共绿地和公共空间,2004年全年新建绿地1 910 ha,其中公共绿地1 244 ha。会德丰广场、1788国际中心、静安交通枢纽都受过该政策影响。

2004年8月《上海市城市规划管理技术规定》公布,随后上海市城市规划管理局沪规法〔2004〕302号"关于印发《日照分析规划管理暂行办法》的通知"、沪规法〔2004〕303号"关于《上海市城市规划管理技术规定》、《容积率计算暂行规定》等系列文件出台。

在历史保护方面,针对文物保护单位,解放初期上海分别于1959、1960、1962年公布了三批市级文物保护单位。1977年,市革命委员会在《转发〈上海市文物保护单位保护办法〉》中规定,每一文物保护单位均须做到有保护范围。1991年,上海市政府颁布了中国第一部有关近代优秀建筑保护的地方性法令《上海市优秀近代建筑保护管理办法》,次年批准《上海市首批优秀近代建筑保护范围和建设控制地带规定》,作为城市规划管理的依据。2003年《上海市历史文化风貌区和优秀历史建筑保护条例》(2002),《上海市中心城区历史文化风貌区范围划示》确定了中心城12个历史文化风貌区。政府规章上升为地方法规,历史建筑的保护进入了新阶段。随着政策的宣传力度加大,社会公众的历史建筑保护意识也明显增强。

从静安寺地区城市设计的实施过程可以看出,每一次政策法规的调整,都会对建筑的具体形态造成影响,这种影响有时候是直接的(如"双增双减"政策对容积率的控制),

有时候是间接的（如历史建筑保护范围的扩大对周边建设的影响）。可见,城市之所以会成为现在的样子,不是设计师一手创造的,城市规划的管理规定与规章制度会对建筑形态起到直接的影响作用。

5.1.3 经济因素

1. 经济全球化中的上海

上海在上世纪三十年代就是当时的远东金融中心;上世纪六十年代信息网络技术的发展及航空交通的普及引发了全球城市竞争;上世纪八十年代以来,全球化的研究大量涌现,各大城市开始寻找在全球化经济环境下新的发展空间。

上海作为大中华区域的经济中心,拥有四通八达的水陆交通,为经济贸易提供了极佳的地理条件,整个长江流域的人力物力成为上海经济发展的强大后盾,如此优越的地理条件使得上海成为无可取代的通商港口。1992 年中央总书记江泽民在十四次人大报告中宣告:"以上海浦东开发为龙头,进一步开放长江沿岸城市,尽快把上海建成国际经济、金融、贸易中心之一。"重建金融中心的地位成为上海的发展目标。

2. 上海经济结构重组（产业结构调整）

1999 年,上海第三产业占 GDP 比重首次超过第二产业(上海统计年鉴,2000)特别是金融、房地产、咨询等新兴服务业,已成为第三产业新的增长点。随着对产业结构进行重大调整、产业布局进一步优化、中心城"退二进三",中心城的综合服务功能得到了强化,大大促进了现代服务业发展,城市能级显著提升。上海也从工业城市逐渐转变为金融服务业为主的商业消费城市。为符合城市功能的转变,上海进行了城市空间再规划、城市土地再开发,为上海迈向国际金融中心作准备。静安区是上海中心城之一,经过十几年产业结构不断的调整,现代服务业所占比重高达 90%,成为高端商业商务区。产业结构转型给城市环境提出了更高的要求,城市设计必须满足这些要求才能更好地促进地区发展。

3. 上海建成环境的资本流向与房地产开发

中央和上海通过积极的"促进增长"的财政安排促使大量资本流入上海建成环境(地产投资、办公楼建设和住宅开发)。虽然地方财政投入的支持是巨大的,上海仍存在城市建设的巨大资金"鸿沟"。有研究指出,预算体制外的资本来源主要是政府举债、土地批租、民间资本、外商直接投资(FDI)(何丹,2004)。大力吸引外商直接投资[①]是上海对外开放、参与经济全球化的重要表现之一。最明显的例证是 2001 年以来,巨额海外资金投向上海房地产市场,投资方式从合作开发,直接投资项目到直接收购地产项目,静安寺地区的商业办公楼、大型综合商场等的投资方多为外资企业或中外合资建设。然而外资注入带有明显的市场特征,受全球经济环境变化的影响较国有投资与政府投资具有不稳定性特征,遇到经济不景气的年份,城市建设暂缓或资金撤出会严重影响政府制定的城市建设计划。

外资积极参与上海土地批租,产生 1992 到 1995 年土地批租热潮,于 1994 年达到高

---

① 无论是累计投资额还是每年投资总额,香港一直是上海市外商投资企业主要来源地区(上海统计年鉴,2004)。

峰,土地批租失控(张智惠,2002),房地产市场开始出现泡沫。1997年亚洲金融风暴,整个亚洲的经济遭受极大打击。上海房地产市场一蹶不振,外资(特别是港资)纷纷退出。不少已批租的土地进行再转让,更多的项目推迟了建设期。会德丰广场、久光百货纷纷在这个时期推迟建设,而此时国有资产投资的浦东机场城市航站楼却先期完成。1998年前后,上海急于完成"365危棚简屋"改造任务,中心城区土地投放总量一度大大超过市场消化能力,再加上"亚洲金融风暴"对房地产市场的冲击,使中心城区商品房市场价格大幅回落,反而造成中心城旧区更新一度停顿(徐明前,2004),至1999年上海房地产市场达历史最低谷。2001年以后,上海住房制度的全面改革,带动了整个房地产的发展,房地产市场一路升温,越洋地块就是在这个时候重新批租的(原为太平洋百货)。

5.1.4 社会因素

1. 1999年新中国成立50周年——重要历史时刻

静安寺地区的城市设计于1998年开始实施,1999年9月,赶在新中国成立50周年国庆前夕完成了几乎所有核心公共工程。中国是一个以共产党领导为核心的国家,无论是"建国50周年"或是"建党60周年"都是政府业绩总结的一个关键时刻,因此静安寺地区的核心结构能在1995年到2000年五年内一气呵成而改变甚少,很大程度上是依托在这样一个社会现状下完成的。

2. 空降的浦东机场城市航站楼

城市航站楼是浦东机场的配套工程,起初位置并不在静安寺地区,后经多方论证落户静安寺地区。6-2地块原本统一开发的模式被航站楼的"空降"改为分区开发,也因此城市设计所控制的公共空间被打开缺口,最终没有实现。

3. "法轮功"事件

20世纪90年代末期"法轮功"事件使得政府对宗教组织的管理态度变得较为强硬。因此在1998年到2000年间静安寺改造工程的规划方案经多次修改才取得规划许可证。静安寺地区的建设计划是三年建成核心区,其中包括静安寺的改造工程,而最开始的两年都因市规划局的严格控制而得不到建设许可,这对静安寺地区的建设计划进度造成了一定影响。

4. 2003第二季度"非典"疫情

正在施工的建筑停止施工,计划开工的项目延迟建设,"非典"的传播使得整个城市的建设放慢了脚步,这是设计初期无法预料到的。

5. 上海世博会

上海世博会定于2010年5月1日—2010年10月31日举行,但是早在申办成功的时候,政府便开始了相关筹备工作,包括地铁建设的加紧进行、城市交通的建设改造、路名牌更新和无障碍设施改造、城市环境的美化提升(包括电力架空线排管工程、信息线入地工程及人行道护栏维修、道路景观布置等工作)等。对整个上海来说,这是一次彰显城市文化的盛会,也是一次向全世界人民展示上海新气象的大好时机。

应上级要求,上海各区纷纷展开迎接世博会的工作。2009年"迎世博600天行动",展开了静安寺综合改造工程。也正是在这样的社会背景下,产生了静安寺城市设计国际招标(直接结果为静安寺广场改造)和静安寺广场更名事件。静安寺交通枢纽是世博会配套工程之一,在开工后即全力以赴抓紧施工推进,欲于2010年3月底竣工,确保在世博会前投入使用。综合改造工程还包括区内大部分商务楼宇、居民建筑及百乐门舞厅、百乐门大酒店等的外立面整治,而正是在这项大规模全面的整治工程中,发生了令人悲痛的"11.15特大火灾"事故①。

6. 11·5特大火灾——公民意识与城市文明

随着社会进步,上海的公民意识逐渐增强,民众参与城市规划决策的热情和责任感增加,参与渠道增多。愚谷村村民反对乌鲁木齐北路拓宽、常德公寓保护等事件都是市民维护自身利益、关注政府行为的一个有力证明。

胶州路火灾发生后7天(头七),近十万上海市民自发组织去胶州路火灾现场献花。某些官员借助大型活动耗巨资"美化城市",其中难免出现贪污受贿、违章操作等危害市民利益和人身安全的行为,上海市民自发为死去的无辜百姓献花,正是对这种官僚制度的无言对抗,代表的是一种市民独立精神的崛起。

7. "民生为本,平安为重"——由火灾引发的执政思想转向

一场火灾,不仅显示了民众的独立精神和公民意识,对于上海市特别是静安区政府来说,是一次反思行政工作的机会。在静安区发改委总经济师张左锋做客《第一财经》访谈节目时表达的"十二五"规划工作重点中我们看到:胶州大楼特大火灾事故使得静安区在接下来的发展中特别注重平安、民生。

张总师的发言总结为五句话②,其中第二、第三句分别强调了民生和平安。"民生为本——教育、医疗卫生、就业、住房、养老、社会保障、收入分配等;平安为重——要把城市的公共安全,包括治安、消防、安全生产、食品安全、人民内部矛盾的化解当做重要工作完成"。接受胶州路特大火灾事故的教训,政府的执政重点终于给了民生、平安一席之地。这是数十条生命以及数十万市民无声的反抗得到的社会进步。

8. 中产阶级的产生和网络社会的发展

经济环境的变化和产业结构的调整顺理成章地促进了上海社会结构的转型,大批高端人才的引入使得城市中产阶级逐渐产生。社会政治经济的发展,城市环境明显改善,

---

① 2010年11月15日14时静安区胶州路一栋高层公寓因焊工违规施工点燃尼龙网而发生火灾事故,58人遇难。事后静安区政府进行了严格的问责调查,静安区建交委主任、副主任、建交委综合科经办人、建材经营部负责人等因滥用职权、受贿罪被判有期徒刑5到16年不等。

② 第一句话叫发展为先,所谓发展为先就是要坚持发展为第一要务,从静安的角度上讲就是还要坚持"错位发展、以高取胜"这样的模式,国际商务港的提出就是我们抓住发展机遇,提升产业能级的例证。第二句话叫民生为本,现在大家热议的焦点很大一部分集中在民生方面,在这其中还有几个重点,譬如说教育、医疗卫生、就业、住房、养老、社会保障、收入分配等,我们在十二五规划中也有相当篇幅阐述。第三句话叫平安为重,要把城市的公共安全,包括治安、消防、安全生产、食品安全、人民内部矛盾的化解等。第四句话叫创新为要,创新是发展的动力,十二五期间我们需要在管理、制度上面有更大的创新。最后一句话是文化为魂,没有文化的地方是没有魅力的,没有魅力的地方是没有吸引力的。

人均 GDP 水平提高，人们的购买力增强，市民对消费服务的要求也逐渐提高。一方面，高教育水平的市民成为上海人口的中坚力量，新兴阶层的形成也同时让城市发展建设不得不面对这个群体的利益和要求；另一方面，网络社会的发展使得舆论力量不断增强，人们更加关注国家、社会的发展，这对政府行政水平提出了更高的要求。政府工作的透明度增加，一些暗箱操作和不法行为被揭示，网络舆论的威力逐渐显示出来。

5.1.5　文化因素

1. 上海的社会文化——兼收并蓄，倡导创新，市场意识

有学者归纳文化界对上海人文基本特征论点是"海纳百川，兼收并蓄"、"多元多向，倡导创新"、"市场意识，精明务实"，而其中"权利意识"构成上海人"合理主义"的基本内核。"合理主义"的文化价值取向必定反映在旧区更新中不同利益主体互动的各个层面，亦深刻影响了城市设计实践中管理者的行为准则和模式。

市民——从愚谷村村民、常德公寓住户、麦克公寓拒迁以及胶州路大火市民献花可以看出上海市民的权利意识。

政府管理者——上海文化中对接收世界先进文化的强烈欲望也体现在政府城市建设中，对美国空权转移法的借鉴、香港地铁公私联合的开发模式的吸收、开发办公室的成立、地块合并开发等举措都充分体现了上海规划管理者开阔的视野与敢于尝试的勇气。

2. 全球化的涵化作用——殖民现代性，上海的国际化语境

"在全球化的浪潮里，上海文化没有失落只有获取，没有焦虑只有欢乐，因为上海的文化身份正是在全球化过程中确立的"（许纪霖，2004）。

对于创造城市物质文化的城市设计而言，在上海这样一个中国最"国际化"的文化语境中，营造出典型的"西方他者"城市景观形象却极易受到新兴中产阶层的认同以及普通小市民的景仰，上海社会整体对"国际化大都市"的向往促成了国际建筑师在上海的空前盛宴。上海市上世纪九十年代到 21 世纪头十年的城市设计，几乎全部由外籍事务所承担，其中最受欢迎的是美国大牌设计公司 SOM，近年来上海市区大部分建筑设计项目也都邀请外籍设计公司执笔[①]，似乎只有"洋设计"才能配得上"时髦上海"。

5.1.6　静安寺地区城市设计 8 个建设实例的成因解析及总结

以上各节系统地阐述了静安寺地区城市设计建设期间发生的各类事件以及相关政策、经济环境，本节将在这些总结的基础上，对 8 个具体建设实例作影响因素图解分析，最后提出总结性概括。

---

①　如会德丰广场由 KPF 设计，越洋广场由日本株式会社设计有限公司设计，久光由美国杰德设计，静安交通枢纽及其商业开发由英国 Benoy（贝诺）有限公司进行方案设计，静安寺地区节点城市设计国际方案征集邀请的 5 家单位全是外企。

1. 地铁 2 号线静安寺站的建设——成因解析图

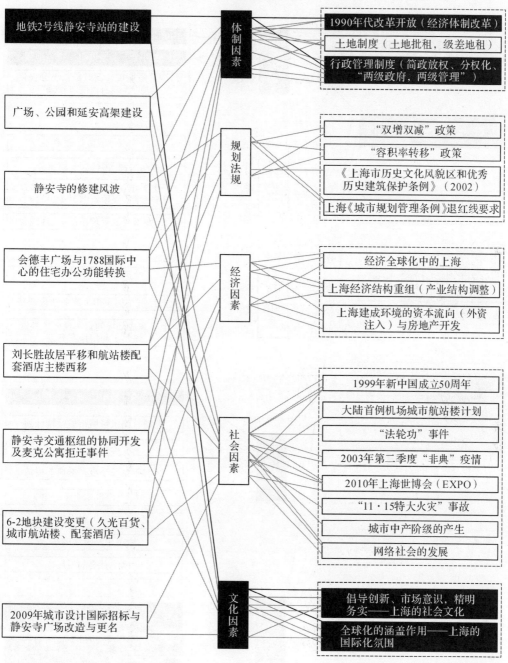

2. 广场、公园和延安高架建设——成因解析图

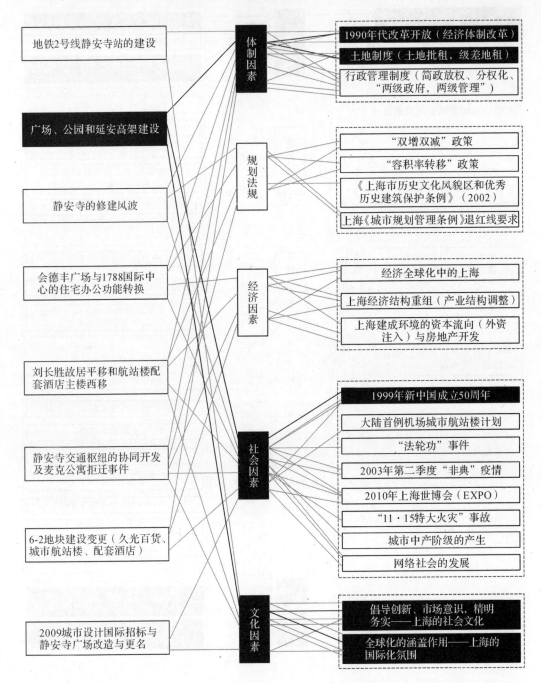

3. 静安寺的修建风波设——成因解析图

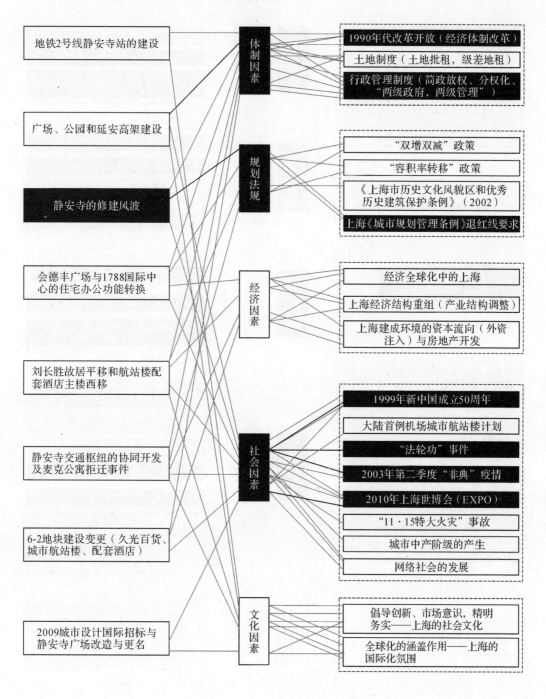

4. 会德丰广场与1788国际中心的住宅办公功能转换——成因解析图

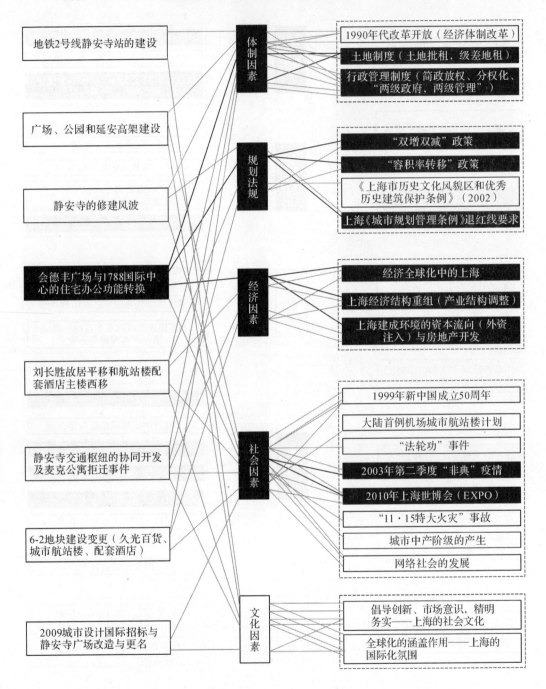

5. 刘长胜故居平移和航站楼配套酒店主楼西移——成因解析图

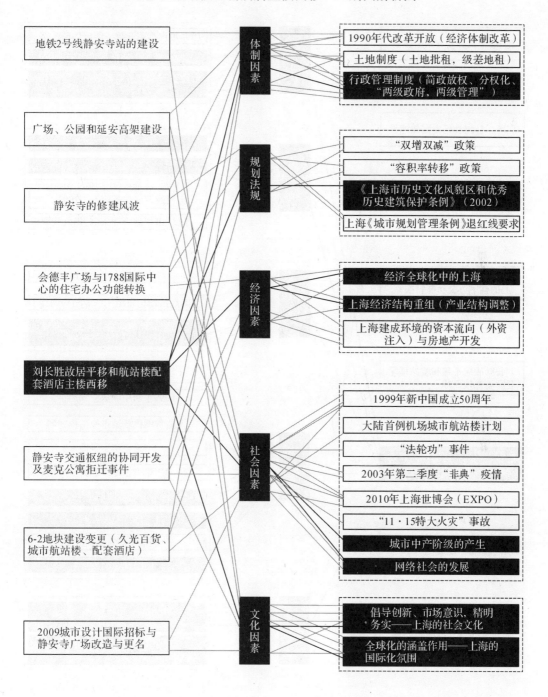

6. 静安寺交通枢纽的协同开发及麦克公寓拒迁事件——成因解析图

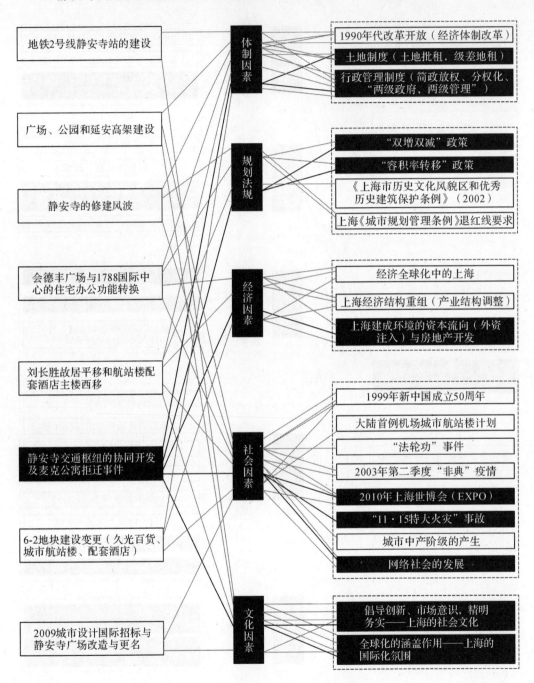

7. 6 - 2 地块建设变更（久光百货、城市航站楼、配套酒店）——成因解析图

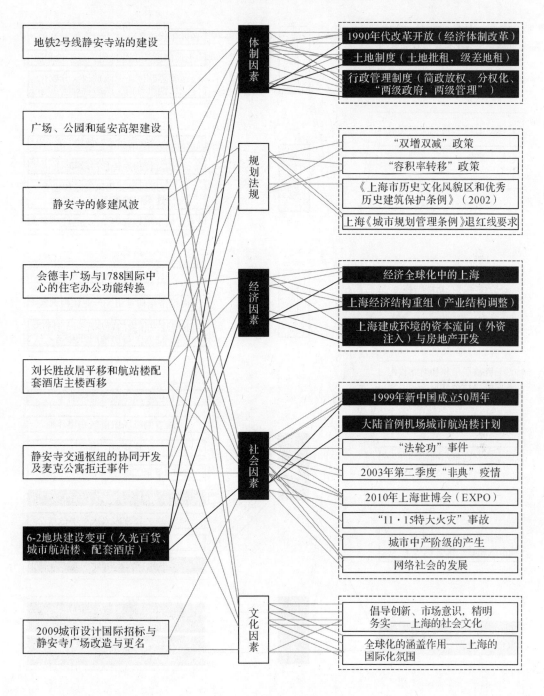

8. 2009 城市设计国际招标与静安寺广场改造与更名——成因解析图

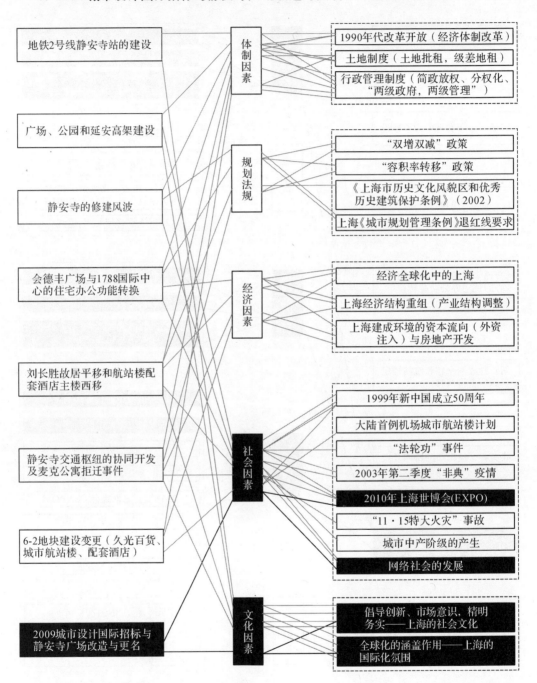

下图为静安寺地区核心地块建设事件的成因解析总结：

9. 静安寺地区核心地块建设事件的成因解析总图

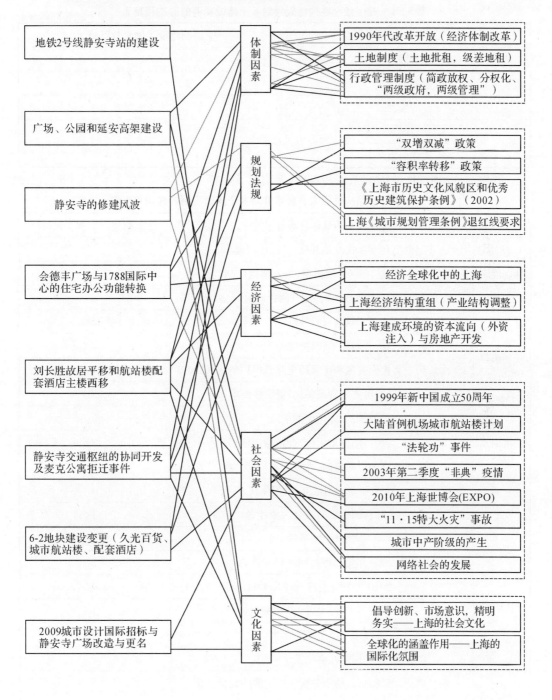

根据以上图表,总结得出体制因素、规划法规、经济因素、社会因素及文化因素分别对8个建设实例的影响程度不同:

表 5-1　五个社会结构性因素对 8 个建设实例的影响程度表

五大社会结构性因素	受影响建设实例总数(件)
体制因素	7
规划法规	4
经济因素	4
社会因素	7
文化因素	5

其中,细分到具体的影响条例和事件,得出以下表格:

表 5-2　社会结构性因素具体事件对 8 个建设实例的影响程度表

社会结构性因素的具体化事件		受影响建设实例总数(件)
体制因素	上世纪九十年代改革开放(经济体制改革)	4
	土地制度(土地批租,级差地租)	5
	行政管理制度(简政放权、分权化、"两级政府,三级管理")	6
规划法规	"双增双减"政策	2
	"容积率转移"政策	2
	《上海市历史文化风貌区和优秀历史建筑保护条例》(2002)	1
	上海《城市规划管理条例》退红线要求	2
经济因素	经济全球化中的上海	3
	上海经济结构重组(产业结构调整)	3
	上海建成环境的资本流向(外资注入)与房地产开发	3
社会因素	1999 年新中国成立 50 周年庆	3
	大陆首例机场城市航站楼计划	1
	"法轮功"事件	1
	2003 年第二季度"非典"疫情	2
	2010 年上海世博会(EXPO)	4
	"11·15 特大火灾"事故	1
	城市中产阶级的产生	1
	网络社会的发展	3
文化因素	倡导创新、市场意识,精明务实——上海的社会文化	5
	全球化的涵盖作用——上海的国际化氛围	5

从上表得出结论:体制因素对建设实例的影响最大且最为持久,与此同时它亦通过影响社会经济的方式对建设过程起到间接影响。社会因素与体制因素一样对建设过程影响程度较大,但是其事件往往分散且具有不可预料性,每个事件只针对特殊项目起作用,如"浦东机场航站楼计划"只对 6-2 地块有影响、"法轮功"只对宗教建筑静安寺庙的建设起作用;在社会因素的具体事件中具有普遍影响力的为"新中国成立 50 周年""上海世博会"和"网络社会的发展"三件,其影响力分别为 3、4、3。较之于体制因素的三个方面(经济体制改革、土地制度、行政管理制度)的 4、5、6,影响力略弱。表 5-2 显示,上海的文化因素对整个城市设计过程的影响也较为显著。

体制是国家的基础,社会主义市场经济体制改革,导致了与之相应的政治体制改革,这些制度性因素变革构成 90 年代上海城市空间发展的重要动因。上海在经济全球化中所处的绝佳地理优势加快并推动了上海的城市化进程,全球经济环境对上海城市建设外资投入产生重要影响,经济结构重组对城市环境建设提出与之配套的建设要求。城市航站楼的介入、"法轮功"事件、上海世博会、上海特大火灾等重大社会事件作为不可预料因素闯入城市设计进程,改变了原定发展计划。上海城市文化特点与全球化涵盖作用使得政府在城市建设过程中能摆脱陈旧思想的桎梏,敢于借鉴与尝试,为城市建设注入了力量。

针对静安寺地区城市设计个案及对该地区 8 个有代表性建设实例的具体分析得出结论:**城市空间环境的形态受到多种因素影响,其中体制因素影响最大,几乎覆盖所有建设实例,社会因素的影响其次,上海的文化特质也对城市建设起到隐性影响且作用明显。**

在所有这些因素中,行政管理制度影响力最为突出,其次是土地制度,上海的国际化氛围以及经济体制改革、房地产开发等经济因素依托于体制因素发挥作用,影响了几个重要建筑的建设情况。

5.2 城市设计是多方利益博弈的结果

城市设计的实施涉及多种利益主体——上海市政府、静安区政府、土地开发公司、房地产开发商以及土地规划管理局甚至部分拆迁居民,这些利益主体在静安寺地区的城市开发过程中进行各种形式的利益争夺,**而城市最后呈现的空间形态就是这场多方利益博弈的结果。**

5.2.1 政府

政府——上海市政府、静安区政府以及相关管理职能部门(市、区两级的城市规划管理部门和其他有关职能行政管理部门如交通、土地、市政、园林等)。这些执政部门从某种程度来说有不同的利益追求,相互之间也存在错综复杂的联系。区规划局在行政上受地方政府管理,在业务上受市规划局领导,区政府注重地区经济效益,而市规划局则更注重整体城市利益以及长远发展规划。区规划局直接对区政府负责,而市规划局对市政府负责。规划局的角色是协助政府对城市建设管理进行决策和具体执行。城市建设管理中的核心决策者是市政府或区政府,因此,规划管理者的行为实际是对市长或区长负责。

1. 上海市政府与静安区政府

中国的土地公有制国情使得土地使用只有使用权归属的问题,在国内通常行使土地所有权的代表者为地方政府。经济全球化的竞争刺激了地方政府行政管理的转变,上海政府权力下放的措施使区政府获得了较大的土地管理权限。一方面,政府成立所属企业进行市场开发活动;另一方面,地方政府积极吸引外资、民营资本进行固定资产的投资建设时,政府与私人部门合作,(在立项、供地、规划许可诸多方面)协助私人部门的房地产开发。因此,政府成为中国转型期城市开发进程中的关键行动者之一,直接推动了建设环境的迅速改变。而政治决策者对城市形态的某种偏好就可能在其推动开发过程中得以强调和实施,从而深刻影响了城市设计实践的过程和结果(金勇,2008)。

静安寺地区城市设计在时任区长及规划局局长的大力支持下,在二者任期内得到了极好的实施。在1998年区领导换届后,由于分管规划局副局长对该项城市设计工作具有先期了解和思想上的支持,因此也得到了较好的延续。但之后管理者的调换便减弱了城市设计执行强度以及与城市设计师的沟通。

"企业家政府"——上海在城市经营上是中国城市发展模式的典范。运用土地批租获取建设资金,利用公私合作 BOT(建设－经营－转移)形式公开招标承揽市政工程从而在1990年代取得25亿美元资金,使得上海大发展时尽管财政资金短缺,仍保持"一年一个样,三年大变样"的发展速度,财政预算外资金对推动城市建设和空间演变起到重要作用。

政府对城市建设尤其是旧区改造的驱动力来自各级政府面临的政治绩效和经济发展压力。五年"任期内"政府的施政主要目标是每年财政收入增幅、GDP 增幅这些政绩考核指标。地方政府对城市进行包装,尤其是着力改变市容市貌,使得城市的创业环境焕然一新吸引更多的资本,与此同时房地产的开发也带来了居住环境的改善。但是城市运营出来的完美的人居和创业环境并未使底层百姓优先享有[①]。旧城改造,人口替换,新移民迁入,城市环境及传统文化逐渐退出历史舞台。

2. 城市设计管理部门的个人利益及伦理困境

在区政府的大力支持下,规划局在静安寺地区城市建设工作上进行了大量的突破性尝试,区长亲自担任静开办的主任以表明对重要工程的极力支持。

区规划管理部门的主观能动性在2003年市规划局权力下放的过程中也获得了释放,越洋广场、1788 国际中心以及静安寺交通枢纽工程即为区规划局直接负责。在解决本地居民与房地产开发的矛盾冲突时,区规划局的优势明显,能迅速反应并因对地区现

---

① 参见:滕威.城市中国:现代化的梦境抑或陷阱.岭南大讲坛·艺术论坛第 21 期,2008

状的相对了解而更易进行沟通,因此静安寺交通枢纽工程的"双赢"开发经营模式才得以产生。而对于同是重点项目城市航站楼的建设,区规划局只能听从市规划局的领导,城市设计思想无法推行。

城市规划管理者作为中国行政制度下典型的"公务员",也带有公务员"职业主义"这一鲜明特征。"职业主义"行为的主要诱因就是通过晋升实现一个人职业的发展;效率、生产绩效甚至忠诚之所以被追求,不是因为它们的自身价值,而是它们对一个人的职业有价值(金勇,2008)。公务员的"职业主义"将公共服务作为实现个人抱负的场所,与公众无特殊关系。因此"执行、服从上级"的伦理导致城市设计越来越成为政治家实现其政绩的技术手段,而非服务于大众利益。

3. 政府领导更替和政策的不确定性和非延续性

各级政府领导的更替、执政理念的变化、政府机构和职能的调整、不同时期工作重心的转移,使公共政策长期处于变化和调整中。在静安区新一轮旧改的推进过程中,对是否鼓励动迁回搬、是否缴纳土地出让金、项目启动前动迁房源配备比例等问题就有过几次"往返"政策;在土地运作方式方面,从"协议出让"到"招拍挂",从"生地招拍挂"到"熟地招拍挂",关于土地利用和运作机制的文件在一段时间内一个接一个地出台,令人眼花缭乱;在城市规划方面,2002 年申办"世博会"成功,2003 年开展"双增双减"活动,强化风貌保护政策,使得 2001 年国务院批准的《上海市城市总体规划》时时调整、不断翻新,这一系列政策的频繁调整,给整个上海城市建设的宏观背景增添了不稳定因素。

在政绩政策不变的情况下,管理者都希望能在执政阶段完成看得见的政绩,而已完成的城市建设项目是最为容易拿出手的资本。这一情况导致两种弊端:一是政府领导更替导致规划半途而废,城市建设过程反复,大量财力和人力浪费在不断地更新规划编制上;二是本届政府易于强调自己制定的规划图景在任期内建成,而对于城市设计来说,五年的建设周期几乎是不现实的。这也就常常导致工程质量问题。城市因此不能得到一个相对理性的成长环境。

5.2.2 开发企业

上海市中心城区土地日显稀缺,土地级差效应产生的收益使旧城改造蕴涵极大的商业价值,开发商拥有鹰一样的眼光,当然不会错失上海旧城改造这样的投资良机。在上海改革开放的个过程中积极参与了旧城改造的建设。

投资必定注重成本效益与利润回报率,也同样将建设环境开发视为"商品化的过程"。开发商迎合市场需求、追求利润最大化,虽然也关心开发项目的功能和外观(形象对房地产具有的促销作用,Rowley,1998),但首先考虑经济成本和利益问题,重视建设环境的交换价值大于其使用价值。和开发商一样,投资商、建筑商都只考虑利润和短期目标,而其他诸如开发项目与周边环境关系的城市设计问题则不是其考虑范畴。开发商在满足了市场使用者和投资者的需求之后,仍可能排斥大多数社会公众的需求。如当前城市环境中的"极端形式"建筑、"封闭社区"和"完全内向的开发项目"虽满足了某种市场群体,但对公共价值领域没有丝毫贡献(M. Camona,2003)。这可以被理解为完全由市场驱动下开发活动不可避免的结果,城市设计干预此时显得非常必要。

房地产开发商亦有素质优劣之分。例如在陆家嘴城市设计中,地下步行系统没有实施,因大多数公司对此表示很难合作。而环球金融中心开发商却表现得非常积极,一方面是因为它在区位方面,距离两个地铁站出入口较远,考虑到高峰时段的人流,它希望能改善建筑自身的交通条件;二是在设计理念方面,日本开发商倾向于对地下空间的开发,因此在建筑设计方案上完整考虑了地下、二层商业步行系统,需要与周边更大范围的步行廊道相联系。可见不同素质的开发商所作项目决策也有明显差异。

1999年上海房地产市场历史最低谷,久光的建设正逢此时,因此地下只开发了一层,对于市中心这样一个大型综合体的地下空间开发来说是极其可惜的。2001年以来,上海房地产市场一路升温,上海九百集团在开工后积极联系香港崇光,希望合作开发,2002年确定合作关系后,由于香港开发商的加入,利益最大化的趋势更加明显,城市设计控制的公共空间被一再缩减。原开发商九百集团系静安区老牌企业,与区政府一直保持良好关系,在久百前期的建设中支持城市设计的公共空间主张并努力协作,久百城市广场的设计方杰德也是由城市设计师推荐最后得到设计委托的,但在新的资本注入(特别是在开发量成倍增加建设资金严重不足的情况下)后原本融洽的政企关系发生微妙变化,香港崇光更追求商业利益最大化而较少顾及公共空间品质,政府为了给开发商创造良好的投资环境,在项目容积率和各项控制上作出让步。

可见,开发商的态度在很大程度上决定了城市建设水平。正如某位规划管理者所言"谁出钱谁说了算"。事实上,在不同开发个案中,不同资本与背景的开发投资商权力等级不同,久光的建设过程与深圳市第22、23-1街坊城市设计实施过程中中国联通无视城市设计的规定而作出的突破性造型,便是这个理论的有力证明。

5.2.3 市民

1. "公共"的缺席

凯文·林奇(K. Lynch)采用"City Design"来代替"Urban Design",以强调城市设计的市民性与市民化问题,以此引起建筑师对市民社会空间权利诉求的重视。广义的市民参与,从国内外的实践来看,尽管取得了一定的成效,但"即使在发达国家,公众参与设计的概率和成效,也往往比预料中的要差一些"。

国内公众参与城市设计的渠道还不规范,公众对其意见在设计成果中的反映还心存疑虑。城市建设决策过程中的"民主"制度尚未成熟,公众参与有限,对决策无法产生较大影响。公众普遍对公众参与设计这一方式持欢迎态度,但对其过程和结果又表示不信任。

但是随着上海市政府对公众参与的关注与制度建设的逐步完善以及网络社会的发展,市民意见对决策的影响越来越明显。

2. 市民的发声练习

静安寺地区城市设计的建设中,市民的参与性体现出两个明显的特征。

一是从1995年到2011年,随着上海"自治社区"的建设,市民的声音由开始的"无"逐渐扩大。在先期开发项目的各方利益角逐中,普通市民被排除在对地方未来环境形塑过程之外,城市设计只能是政府、开发资本和技术专家共同掌控的空间实践,市民缺席。然而新世纪以来,由于上海自治社区的建设以及政府"规划政务公开,倡导公众知情、参与、监督"和"发挥社区参与城市规划的作用"这些规划管理方式的转变,为市民参与公共政策提供了制度途径。市民法律意识和参与自己社区规划的热情与期望提高,市民逐渐在城市建设决策中发声。规划局对土地的操控较以往显得"困难"[①],具体表现在宏安瑞士酒店的规划审批与静安寺交通枢纽工程的拆迁与后期施工中。而在对城市形态的影响上,最明显的就是静安寺交通枢纽地块的"钉子户"居民楼麦克公寓,它矗立在一个大型商业娱乐综合体的广场上,被三面包围,从一开始的拆迁到现在项目施工已达三年,麦克公寓的居民始终不肯妥协,为此这样一个四万六千平方米的大型综合商业建筑的裙房造型被"拱"成了围绕麦克公寓的圆弧形,并且无论麦克公寓今后存在与否,这栋建筑也为这纪念这项事件留下了永远的"证据"。从某种意义上来说,这或许也是政府管理体制逐渐开放的表现[②]。

另一个特征是:上海具有重商主义社会文化和务实的价值观念,市民长期对政治生活漠然。有学者认为上海的新兴中产阶层(与西方比较)主要是经济层面的,而非是政治层面的,无法对上海形成一个真正的市民社会有所贡献。在上海的社会经济生活迅速靠近中等发达国家水平的同时,政治民主化程度表现出不相适应的滞后。上海地方社会的市民自主性较弱,除非在涉及自身利益之时,有共同利益关系的居民会形成一个(暂时和不成熟)的"市民社会"(姚凯,2003),与政府、开发商展开互动和博弈,而一般情况,"事不关己,高高挂起"的社会态度是上海市民普遍心态。也因此,在高度"合理主义"之"务实"价值观下,多数市民对于城市规划这些"公共事务"都并未怀有多少热情。在某种程度上,地方市民自身的消极因素既是上海"强政府"制度的结果,也是其原因。

---

　　① 市民开始积极关注与自身利益密切相关的建设项目,特别是关心自己居住社区的环境变化,对朝向、日照、居住环境、交通都有一定要求,这在近年来与规划管理部门的行政诉讼逐渐增多这一点上明显反映出来。面对这样的情况,管理部门反映拆迁变得越来越棘手。但是由于中国市民的力量仍然相当薄弱,所以这样的"困难"也仍然处于可控状态。

　　② 目前"规划政务公开,倡导公众知情、参与、监督"和"发挥社区参与城市规划的作用"这些规划管理方式的转变也增加了市民了解城市规划与项目进程的积极性和途径。笔者在静安区政府网站都能看到醒目的市民投诉及咨询的栏目。在上海静安规土网还有市民对自己关心的地块的政府开发意向的询问,都能得到及时答复,市民也可以要求增加某些规划内容的信息公开,这在"政府信息公开"栏的分类中得到反映,此栏目分为"主动公开"和"应要求公开"两项内容。且"应要求公开"部分的内容含量极大。说明市民不仅对参与自己社区规划拥有热情与期望,同时在上海市政府体制改革的过程中,市民的参与也渐渐得到了政府有关部门的关注与回应。

5.2.4 城市设计师

上世纪九十年代,中国的城市设计市场基本处在境外事务所的掌控之中。

从表5-3可以看出,上世纪八九十年代中国的城市设计项目才开始起步,主要集中在1995年和1996年,其中最早的知名城市设计是上海陆家嘴中心商务区城市设计,该设计的国际咨询开始于1992年,概念设计完成后由中方设计团队修改落实,国际设计师直接退场。而静安寺项目的设计师卢济威教授正是参与这个项目的中方代表设计师之一,这也为他日后进行静安寺地区城市设计奠定了基础。

国外城市设计实践开展较早,形成了成熟的设计体系,加之中国社会整体对西方国家城市景观的向往,中国成为了国际设计师的实验场。其中较大型的SOM事务所在中国进行的上海卢湾太平桥地区城市设计和深圳福田中心区22、23-1街坊城市设计都编制了控制导则。虽设计师的技术水平和专业精神都值得表扬,但是难以排出对西方城市景观直接移植的嫌疑。

卢济威教授作为上世纪被强势入侵的中国市场中本土建筑师,在静安寺项目中表现出来的职业精神和专业水平非常值得称赞。与所有这些项目最大的不同是,卢济威教授在设计完成后的13年里从未真正脱离过这个项目。卢教授在这期间对静安寺城市设计进行了两次调整,分别是1998年和2004年,其中1998年的设计调整对城市设计的实施情况影响深刻,2004年对地下空间的进一步调整设计由于各种原因[1]未得到实施。除此之外,静安寺地区的建设项目评审大多邀请卢济威教授参加,其评价和建议较大地影响了项目审批。卢教授在管理实施过程中的深入参与极大地促进了城市设计的实施效果。另外,对核心建筑公共空间的亲自设计也是设计效果得到奠定的重要基础。因此,对于静安寺项目来说,城市设计师所作的贡献和所付出的心血是远远高于同期其他项目的。

表5-3 20世纪中国重要城市设计简表

设计(完成)时间	项目名称	设计单位(设计师)	组织(合作)部门
1987年	深圳城市设计研究报告	英国陆爱林·戴维斯规划公司	深圳市规划局
1995年	上海陆家嘴中心商务区城市设计	英、法、日、意、中五家设计单位参加竞赛,英国罗杰斯事务所中标	上海浦东新区政府
	大连新市中心区规划	美国RTKL、日本设计株式会社、加拿大谭秉荣事务所	大连市政府
	西安钟鼓楼广场	中国建筑大师张锦秋	西安市政府

---

[1] 静安寺地下空间的整体性开发遭遇困难重重,很难从根本上解决问题,由不同部门进行的规划设计纷纷提出了很好的策略建议,但是很难统一,因此一拖再拖。

设计(完成)时间	项目名称	设计单位(设计师)	组织(合作)部门
1996 年	深圳中心城区(福田区)设计国际咨询	美国李名仪事务所	深圳市规划局
	上海市中心区城市设计由	美国 HOK 事务所	上海市规划局
	上海北外滩城市形态设计	日本 RIA 事务所	上海市规划局
	上海静安地区城市设计	同济大学建筑系卢济威教授	上海市静安区政府
1997 年	上海卢湾太平桥地区城市设计	美国 SOM 事务所	上海市卢湾区政府
1998 年	上浦东中央大道景观设计	美国 EDAW 设计公司	上海浦东新区政府
	深圳福田中心区 22、23 - 1 街坊城市设计	美国 SOM 事务所	深圳市规划局
1999 年	上海南京路步行街环境设计	法国夏氏事务、上海同济院	上海市黄浦区政府
	深圳中心区城市设计及地下空间利用规划	日本、德国、美国三家设计公司合作	深圳市规划局
2000 年	上海黄浦江沿岸总体城市设计	美国 SOM 事务所	上海市规划局

5.2.5　建筑师

建筑设计过程是将城市设计予以落实的重要环节,城市设计的实施质量有赖于建筑师的创造水平和个体素养。静安寺地区城市设计中的主要建筑大都由国际知名建筑事务所设计,早期的建筑设计更多地考虑城市设计的原则和要求,不同建筑师对城市理念和原则也有不同的理解和回应。由于区规划局管理者对方案的规划控制在城市设计方面主要是通过设计评审提出意见,往往不具有强制性,建筑师主要依凭自身素质来考量建设项目与周边城市环境的关系。

一般来说多数建筑师都必须面对和适应市场,真正不考虑市场和业主意愿的建筑师是少有的。建筑师面临的困境主要来自于:规划管理部门的控制、开发商的开发意愿(包括业主的审美品位)和建筑师自身创造性的矛盾(包括精英品位与大众口味的差异)。建筑师的行为主要动机也是追寻商业利润最大化,他们的目标是典型的"长期性"和"经济性"(M. Carmona,2003)。建筑师的目标是尽量使客户满意,符合委托任务书要求,同时会尽力追求设计创新(追求个人满足感和设计声誉),考虑建筑功能与外观,但一般也较少考虑对周边环境的影响[①]。对于建设环境的城市设计质量,建筑师的创作具有"双刃剑"作用,既能创作出融于城市、街区整体环境的杰作,也能产生具有"破坏性"影响的作品。

[①]　但不排除有少数具有"城市设计意识"的建筑师会主动考虑项目对周边环境的影响,如矶崎新的深圳中心区文化艺术中心设计、福斯特设计的香港汇丰银行。

建筑设计过程是将城市设计予以落实的重要环节,城市设计的实施质量有赖于建筑师的创造水平和个体素养。高质量城市设计地区是单体设计质量高且很好地照顾到周边建筑整体形象的协调,单体建筑需既节制又不失个体风采,城市设计对建筑师的确提出很高的要求。

由皮亚诺担任总设计师的柏林波茨坦广场城市设计,是城市设计成功的典范。究其成功的原因,首先是作为控制整个城市设计的总建筑师具有丰富的建筑设计经验,同时有极高的文化素养,因此能很好地协调与引导城市建设。其次是参与设计的建筑师先期参与过此地区的城市设计竞赛,对地区整体环境熟悉。这些建筑大师本身就具有极高的建筑素养,能很好地处理建筑与城市的关系,而这正是中国建筑师广泛缺失的①。

本章小结　多因素、多利益共同作用下的城市设计

城市的最终形态受到制度、经济、社会、文化等外在环境变化的影响,这些影响因素构成城市设计的外部环境(外因),静安寺地区城市设计作为内因与这些外因相互作用,城市空间环境形态最终在内外因共同作用下形成。在静安寺城市设计 15 年所处的外部环境因素中,体制因素影响最大,几乎覆盖所有建设实例,社会因素的影响其次,上海的文化特质也对城市建设起到隐性影响且作用明显。细化来看,行政管理制度影响力最为突出,其次是土地制度、上海的国际化氛围以及经济体制改革,房地产开发等经济因素依托于体制因素发挥作用,影响了几个重要建筑的建设情况。

城市设计涉及的利益主体较多,最大程度影响城市设计实施的是政府,其次是享有一定主动权的规划局(其执业能力和政治理想在一定程度上影响了建设的方向);开发商对建设的影响程度据不同项目有所不同,资本投入量越大、企业品牌影响力越大的开发商往往拥有越多话语权,也越具有掌控建设方向的能力;城市设计师在设计阶段作用最为明显,但是在项目实施过程中由于不具备执行权力而逐渐失去话语权;在现阶段中国市民还不具备足够的影响力,其利益往往是最先受到侵蚀的部分,但从静安寺地区城市设计 15 年的建设过程中可看出,市民参与的主动性及话语权正在随着社会的进步而增加,这正是城市设计创造更好的城市环境的价值观所希望看到的。

---

①　笔者认为,中国建筑设计极少关注对城市空间的贡献的原因很多,其中比较重要的有两个,一是开发商的素质,尽管 M. Carmona 等的经验研究证实,具有高质量的城市设计的建设环境对开发商和投资者具有经济价值提升和潜在的社会、环境效益,但在中国房地产开发市场中,开发商还普遍缺少这种认识。因此城市环境中的"极端形式"建筑、"封闭社区"和"完全内向的开发项目"这些对公共价值领域没有丝毫贡献的项目层出不穷;二是中国的建筑师培养过程中,未能把建筑所具备的城市性当做教育重点提出,往往过于注重建筑形式美学、规范和技术性教育,注重建筑的"自我存在",因此不难理解培养出来的学生缺少分析和协调城市环境的能力。

6 反思——如何增强城市设计的实效性

上海作为中国大中型城市发展的先驱之一,其实践经验对当前正在努力寻求城市更新提高环境质量的大中型城市具有很好的借鉴作用,因此在静安寺地区城市设计完成 15 年后对其进行阶段性总结显得尤为必要。在对静安寺地区城市设计的设计、实施过程、实施结果、影响因素分析之后,我们了解了城市设计的作用机制。而最终的问题导向是:**怎样的城市设计能更好地指导城市发展? 进入实践阶段的城市设计怎样更好地落实?**

这两个问题分别针对城市设计师和规划管理者提出。本章将通过对静安寺地区城市设计之成败进行的反思性总结,从城市设计编制阶段(设计师)和管理阶段(规划管理者)两方面给出如何更好地编制及实践一个城市设计的初步建议。

6.1 城市设计编制阶段的策略建议

要完成一个更易于操作、能更好地指导城市开发实践的城市设计,城市设计师需要注意几点:1. 导则分级控制(区别出该严格控制和需放宽条件的要素);2. 了解市场运作机制;3. 平衡各方利益;4. 将导则的设计语言转译为管理语言以方便管理者理解和落实城市设计。以下分别展开论述。

6.1.1 要素分级控制的城市设计导则

在对政府管理者、规划师、建筑师、开发商的访谈以及对静安寺地区城市设计的整个发展历程进行总结的过程中,笔者开始反思城市设计的实效性问题:静安寺地区城市设计作为早期城市设计实践中一个较为成功的案例告诉了我们什么? 为什么城市设计的结构体系得到了保留,而关于公共空间的设想却在 6-2 地块失控?

城市设计到底应控制哪些因素? 怎样的设计导则才能进行有效的控制? 是否按照原设计全部实施才可谓成功的城市设计? 控制过度会不会适得其反?

美国城市设计学家 Jonathan Barnett 认为"过于繁琐的城市设计条件不利于开发活动的进行,也不可能实施,而过于简单的条件和参数则完全达不到城市设计的目的"[①]。因此,城市设计导则需掌握好适宜的"度"。城市设计实践中,对设计控制过于宽泛则达

---

① 引自 [美] 乔纳森·巴奈特,著. 都市设计概论. 谢庆达,庄建德,译. 台北:尚林出版社,1984

不到控制目的,但过于严格又会妨碍了设计师创新的可能性。因此,在城市设计导则中有必要将不同控制要素分级。通过要素分级形成的城市设计导则可分为:

1. 强制性规范,城市设计所有的规定都必须严格遵守。对城市设计的结构性因素如道路广场等公共空间结构、区域整体建筑形态趋势控制等必须严格遵守;对整体公共环境有重要影响的细节部分也应当设定细致的导则控制,譬如对骑楼的控制(位置、高度和宽度)属于结构性的要素,这是行人是否能有良好、连续步行系统的关键控制要素;街墙面(位置、高度)、街道、公园都属于结构性的、公共价值领域的要素,这些要素从根本上决定了建成环境的公共利益是否有保障。

2. 在一定弹性范围内遵守。如建筑体量(现状、高度)则属于非结构性但仍重要的要素,因为特殊体型仍会破坏整体建筑群的和谐有序,但局部适宜的变化不会损害公共价值领域,反而增加其品质。

3. 执行起来有比较大的余地。建筑材料使用和窗墙比可归于一般性的控制要素,这些要素控制有助于增加个体之间的整体感,但过严的控制力度又易造成建筑群相似有余,变化不足。

分级的城市设计指引会让管理者更明确自己的执行力度。

6.1.2 针对市场运作机制、平衡各方利益的城市设计策略

明确了城市设计的分级控制要求,我们依然需要反思:静安寺地区城市设计中 6-2 地块中的广场之所以没有实现,仅因为控制导则未明确具体的边界、尺寸这些要素吗?在专家公认 6-2 地块的公共空间设计内容丰富,有利于现代与历史建筑之间的过渡、有利于增加市民娱乐休闲空间的情况下,此设计控制依然得不到实现,是否可能因为设计师没有充分考虑本地块的开发效率(土地利用率)问题呢?

静安寺地区寸土寸金,商业综合体在高度受到静安寺寺庙高度的限制下选择了"做大"从而侵吞公共空间,因此在设计初期对开发商行为的认识和研究非常必要,只有在开发商利益得到保障的前提下,才能根据设计师的专业技能为公众寻求利益空间。

因此一个具有实效性的城市设计要求设计师针对市场运作机制、平衡各方利益来提出设计策略。

1. 了解市场运作机制

(1) 城市设计必须全面了解市场的运作机制,包括土地政策、房地产开发、政府组织的权力与运作轴心等,这些"看不见的手"具有操控城市的权力。

(2) 城市设计师需要研究经济环境,提出开发的资本运行模式(如公共空间的私人建设和管理、BOT 模式、联合开发、容积率转移等),以增加城市设计的可实施性。静安寺城市设计文本中就涉及诸多此类操作办法以获得高效城市空间开发与争取更多公众利益。

(3) 城市设计一般操作时间长,应考虑分阶段实施策略。静安寺城市设计预计 5～6

年全部建成,但即便在土地转让和方案审批都结束后,仍经历了个别地块的开发商变更,最终以原计划 3 倍的时间完成建设。因此,考虑城市设计涉及工程量的大小,应给予其充分的实践周期,制定分阶段目标与分期建设方案。对于联合开发地块需考虑因多个开发主体、不同时间建设可能遇到的职权划分、建设衔接、开发级别、开发者意见等问题,提出解决方法,以使城市设计能在复杂多变的社会环境下保持结构性因素之完整。

(4) 城市设计还必须对本地区规划法规有深刻的认识,在规划法规的控制框架下做文章。法规对城市建筑形态具有至关重要的影响,纽约的高层建筑形态就是典型案例:当法律提出街道的层层退界要求后所有的高层都变成生日蛋糕型,一旦这条法规作废,高层建筑又一致变为从上到下占满整个基地的方盒子。中国的法规规定多层与高层建筑分别退界 5 米和 8 米,加之高层建筑防火规范的某些条文,百米高层大多以类似的裙房加高层的模式出现;住宅规范的严格使得中国住宅千篇一律,不像国外那样异彩纷呈。规范条文是"模子",刻出标准的"房子"。城市设计师不应忽视这种由规划法规导致的"最合理"模式而任意"创造"实际工程中不可能实现的布局形态,而是在这个现实基础上运用专业手法在满足这一普遍利益诉求的同时创造更丰富协调的城市空间。

2. 平衡各方利益

城市设计的编制应当充分尊重现有的社会利益分配制度[①]。在土地使用权制度已经全面推进的状况下,缺少对社会利益关系的深入分析,有可能成为城市设计中部分重要理念夭折的原因。

(1) 了解政府行为

《律师行》里汤姆·克鲁斯说道"The government can do everything",在宪政发达完善得多的美国尚且如此,在"官本位"社会的中国更存在这样的现实。这一点的提出不是要规划师去抗击或附庸于政府利益(规划师的个人力量也做不到这一点),而是强调一点:政府管理者的行为模式基于他所在的利益群体,管理者不总是代表公众利益,他可以在追求个人职业发展的同时为公众争取利益、为城市发展作出贡献,也可能因"职业本位"或个人利益而放弃公众利益服从权力主体的决策。了解这一点,城市设计师就必须在城市设计编制过程中对管理者的操作作一定限制,给予其适度的自由裁量权,同时尽量使城市设计的公众利益与管理者的个人利益挂钩,使其在选择公众利益的同时也选择了对个人职业发展有利的方向。美国西雅图小区设计指南评审清单以及波特兰市设计指南为我们提供了很好的范本[②]。

(2) 了解开发商的投资行为

开发商的投资行为一般追求利益最大化。开发商在建设过程中的实际投资主体身

① 参见孙施文,吴东帆.土地使用制度与城市规划发展的思考.城市规划,2003,27(9)
② 由于其将设计原则总结成一份评审清单来帮助管理者确定哪些设计问题是最重要的和给予最多关注的,规划管理人员及相关机构能更好地分清问题主次,并按照规定以此为依据进行方案审核。

份使在利益协调过程中政府也常对其让步。设计师需在与之沟通的情况下进行城市空间安排,以控制、协调各方开发利益,以最大限度保证公众权益不被侵蚀。

(3) 与建筑师进行直接沟通

建筑师的直接甲方是开发商,但建筑师与规划师都有维护专业核心价值的职责,这一价值包括对美感与生俱来的追求与对创造服务公众的环境的职业理想,虽然二者同时需要在实际工程中因对自己的甲方负责而作出部分妥协,但是一般情况下建筑师会考虑建设项目与周边城市环境之间关系的协调。由于行业相通的特性,城市设计师与建筑师的交流较之于管理者要少。在静安寺地区城市设计中,城市设计师与建筑师的良好沟通使久百城市广场的设计更符合城市设计的要求,也为市民争取到了更多的公共空间。

(4) 加强与社会大众的对话,维护城市设计的专业核心价值

具有最宽广人文关怀与责任感的城市设计伦理应当优先关注实践是否有助于改善社会"最不利者"的生活环境,设计师借与普通民众交流的契机,一方面向社会大众呈现城市设计的专业宗旨、服务精神及价值理念,让社会大众了解城市设计者对社会责任的承担是有深度及有诚意的,同时也让社会大众在对设计背景了解的基础上,对城市设计及其设计师不陌生,进而愿与之建立关系,产生互动;另一方面让城市设计师从更广泛的民众利益角度出发进行设计,做出更多有利于普通大众的设计。如此在城市设计者与社会民众的互动中,基于充分的沟通了解与相互尊重,达成和谐的实践互动过程。

6.1.3 具有可操作性导则的城市设计案例

首先要明确的一点是:作为公共管理政策的城市设计导则应当由设计语言转译成为管理语言。城市设计不仅要详细表述各种控制策略,而且应当阐明这些策略所对应的城市设计目标。城市设计中目标和策略相结合的表述方式有助于规划管理者和建筑师充分理解城市设计意图。城市设计导则的表达方式应易于理解,规划管理部门才能较好地落实。

以下分别借由国内国外两个优秀案例来说明可操作性导则的控制办法,其一是美国波特兰市的实践经验,另一个是中国本土城市设计案例——吴江滨湖新城城市设计导则。

1. 美国波特兰市的实践经验

其《中心城市设计指南》因为在城市设计领域实行的干预以及所取得的成就而获得广泛的声誉(见图6-1)。这份指南明确提炼出一系列城市设计目标并且通过简练的方式予以表达;进而将达成这些设计目标的方案、程序、时间安排和相关机关明确下来,形成一个目标明确、表达清晰的政策框架。

A. 波特兰的个性

这些指南强化了波特兰市区和中心城区东面子行政区现有的特征。在城市沿着威拉米特河在河西岸扩展以及劳埃德中心 */大剧场所在地区进行再开发的过程中，这些指南也承诺要保留这种城市特征。

A1 结合威拉米特河进行设计

在沿着威拉米特或位置靠近这条河的开发项目中，将河流与项目相结合是一个重要的设计考虑因素。这可以通过以下的方法实现，例如建筑和景观元素的布置、门窗的位置、相连的户外空间，以及为进入、离开以及沿着河滨空间的人行道提供入口。

为方便行人，改进跨越威拉米特河的桥梁，使桥头连接点处的交通更便利、安全，拥有使人愉快的照明系统以及舒适的步道，它们既能改善桥梁外观又能促进市区和河东岸之间的来往交通。

A2 强调波特兰的城市主题

将波特兰相关的城市主题合并到一个合适的项目设计当中。

A3 尊重波特兰的街区结构

保留并在适当的地方延伸传统的200英尺街区布局模式，并维持建筑之间的开放空间比率。

在采用超级街区的地方，要设置车行道和小路，应设计成为能够反映传统街区布局的样式，包括阎廊和包含有人行道的公共通道等元素。以尊重传统街区方格网的方式来安排高层建筑的位置。

公园南部街区在波特兰刚建立的时候后就已经有了。人们对公园街区加以改善，它们继续成为这座城市的优秀财产。中心城市规划呼吁创建新的公园街区，以便从南方公园街区到威拉米特河之间营造出一个连续的景观带。

A4 使用统一的元素

通过使用现有的元素以及/或者加入能使单个地区之间统一起来而产生联系的新元素，以加强中心城市的连续性。

A5 改善、美化和确定空间的可识别性

有些小特色能够增加特殊地区的特征和特殊氛围，通过吸纳这些小特色能够增加特殊地区的可识别性。通过使用能够营造地区特征且尊重地区传统的元素来美化城市空间。

A6 建筑的再利用/修复/重建

在适当之处对建筑和建筑元素进行再利用、修复和重建。

A7 创建及保留一种城市空间的围合感

以创建和保留一种城市空间围合感的方式来确定公众通行的权利。

A8 促成城市景观、城市舞台和城市活动的形成

通过为人们的活动提供一个舞台以促成城市景观的形成。

设计人行便道时尽可能多地创造可供公众使用的空间。

营造频繁出现的风景，并为内部活动空间设计便利的入口，使人们能轻易地从附近的人行便道进入此空间。

允许建筑外观反映出重要的内部空间的性质和活动，如中庭、巨大的入口、办公室、住宅和商业零售等。

A9 加强城市入口建设

在由《中心城市规划》确定的地点开发或加强城市入口建设。

在核心地区，营造一种围合感是一个重要的城市设计课题。建筑物被要求建造在红线规定的范围内，并且允许采用较高的建筑高度。

图6-1 波特兰中心城市设计指南及清单（选自《美国城市设计指南》）

这种城市设计成果的表达方式，一方面有利于建设单位和建筑师清晰理解城市设计控制的目标和具体要求，另一方面也有利于规划管理部门设计审核工作的开展，同时兼顾了规定与自由裁量权的协调。在这一过程中，为了进一步解决城市设计成果与管理语境的转译问题，波特兰编纂了一本《中心城市开发人员手册》（1992年）（见图6-2）。这是一本出色的文件，利于读者掌握使用，这其中摘要介绍了相关规划的内容，涉及控制开发活动的多项规划、政策、法律和程序要求，成为规划管理人员进行规划管理，尤其是行政解释的有力工具。

适用性	遵守	不遵守	
			A. 波特兰的个性
☐	☐	☐	A1 结合威拉米特河进行设计
☐	☐	☐	A2 强调波特兰的城市主题
☐	☐	☐	A3 尊重波特兰的街区结构
☐	☐	☐	A4 使用统一的元素
☐	☐	☐	A5 改善、美化和确定空间的可识别性
☐	☐	☐	A6 建筑的再利用/修复/重建
☐	☐	☐	A7 创建及保留一种城市空间的围和感
☐	☐	☐	A8 促成城市景观、城市舞台和城市活动的形成
☐	☐	☐	A9 加强城市入口建设
			B. 强调步行空间
☐	☐	☐	B1 增强和提高步行空间系统的数量和质量
☐	☐	☐	B2 保护步行街
☐	☐	☐	B3 在人行道遇到阻隔时设置连接
☐	☐	☐	B4 提供购物和观景的场所
☐	☐	☐	B5 建设成功的广场、公园和开放空间
☐	☐	☐	B6 考虑阳光、阴影、眩光、反光、刮风和降雨等因素
☐	☐	☐	B7 结合无障碍设计
			C. 方案设计
☐	☐	☐	C1 尊重建筑的完整性
☐	☐	☐	C2 考虑观赏景色的机会
☐	☐	☐	C3 设计时需考虑兼容性
☐	☐	☐	C4 在建筑和公共空间之间建立优雅的过渡
☐	☐	☐	C5 将建筑拐角处设计成有活力的十字路口
☐	☐	☐	C6 区别对待位于人行道平面的建筑的立面设计
☐	☐	☐	C7 兴建灵活的位于步行道平面的空间
☐	☐	☐	C8 对侵犯性的建设给予特别的关注
☐	☐	☐	C9 整合屋顶并利用屋顶
☐	☐	☐	C10 提升开发项目的持久性和品质

图 6－2　波特兰中心城市基本设计指南（选自《美国城市设计指南》）

2. 吴江滨湖新城中心区城市设计（本土城市设计案例）

吴江滨湖新城中心区城市设计面积约 233 ha，由上海同济规划设计研究院同济大学城市设计研究中心于 2010 年 2 月完成研究报告，2011 年 1 月完成控制导则。设计定位为次级金融商务中心，以商务、研发功能为主，配套高品质居住与休闲娱乐。研究报告内容大致为设计目标、理念、发展定位、资源分析、构思策略、设计体系等，导则则是对整个设计控制要素的说明图则。

图 6－3　吴江滨湖新区城市设计总平面图

其设计主要控制的是：道路体系、二层步行系统位置、单轨交通路线和站点、建筑高度与沿湖天际线、建筑密度、公共空间位置及景观。其导则设计方法是将整个城市设计用地分为若干地块，每个地块单独设计控制图则。每个地块导则分为三个部分：设计概念、设计准则、设计控制。

设计概念——解释地块的区位、功能定位、开发要求、形态建议。

设计准则——本地块用地性质、建筑布局要求、交通组织要求、公共空间控制、二层步行系统位置、高度控制。图中以控制线的方式确定各要求的具体位置。

设计控制：主要为技术指标，包括用地面积、容积率范围、建筑密度、绿化率、建筑高度、停车要求、出入口设置要求等，属硬性指标。

下面是 C-1-01 地块的导则图纸：

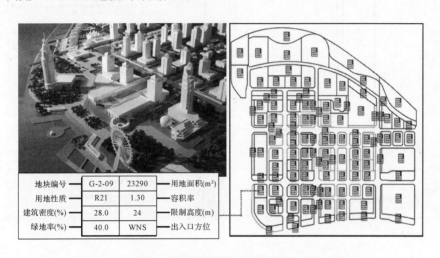

地块编号	G-2-09	23290	用地面积(m²)
用地性质	R21	1.30	容积率
建筑密度(%)	28.0	24	限制高度(m)
绿地率(%)	40.0	WNS	出入口方位

图 6-4　吴江滨湖新区城市设计道路系统及容积率控制图

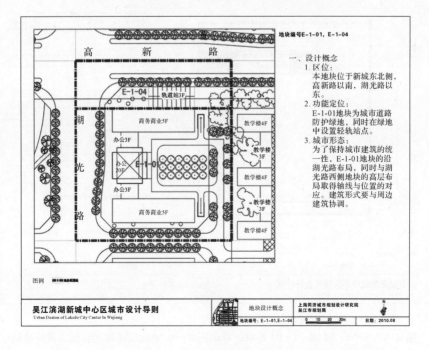

图 6-5　E-1-01,E-1-04 地块的导则图纸——地块设计概念

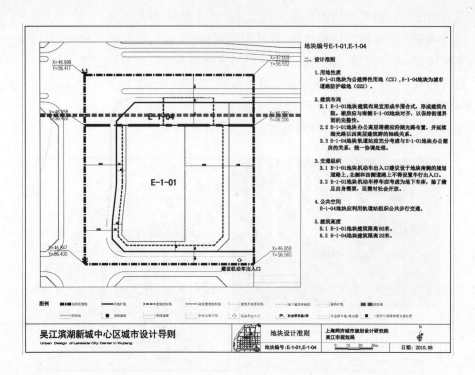

图 6-6　E-1-01,E-1-04 地块的导则图纸——地块设计准则和地块设计控制

6.2 城市设计规划管理阶段的策略建议

城市设计的管理实施过程对城市设计的影响很大,静安寺地区城市设计实施过程中规划管理人员运用了诸多有效策略来达成城市设计目标。笔者试从城市设计管理机构与体制问题、管理工具问题、法律地位问题、评估体系问题和公众参与问题五个方面对其作出总结和反思,以便今后借鉴。

6.2.1 设立城市设计的总协调机构和总设计师制度

1. 设立总协调机构

城市设计应借鉴国外经验,设置相关的开发总协调机构。在静安寺地区城市设计实施过程中,静安区先后成立了地铁办、静开办、重大办三个部门来管理静安寺地区的城市开发,其中职能范围最广的属重大办,管辖范围涵盖整个静安区。

表6-1 静安寺地区城市设计实施过程中的总协调机构一览表

简称	全称	主要负责人	存在时间段	职责	管理权限
地铁办	上海市地铁2号线建设静安区指挥部办公室	主任:徐家豪	1996.3至1998.9	静安区段地铁建设的全面协调事宜	地铁2号线相关开发项目
静开办	静安寺地区综合开发办公室	主任:许建中副主任:胡俊(1998年)	1997.7至2007.5	从规划设计、功能布局、开发建设、招商引资、政策扶持等各个方面协调推进项目进展	静安寺地区城市设计所辖36 ha用地区域
重大办	区重大项目建设推进领导小组办公室	由区长、副区长及区政府22个部门主要领导人员组成	2007.5至今	以专题协调、双向沟通、现场协调等各种形式,实现重大项目全程推动	静安区全区所有重大工程项目

这些机构的成立极大地推动了城市设计的实施进程,并且起到与相关管理部门如绿化园林、市政、交通等部门之间良好的协调作用,打破原来以地块划分为基础、各项具体工程独立操作、互不关联的局面,从城市整体运营角度出发进行综合开发的管理,打破各职能部门之间分而治之、不相协调的弊端,促进了各部门之间的统一管理,达到了环境最优化的效果。

这种模式也在静安区以后的城市设计管理实践中得到了延续与发扬。在深圳以及上海其他城市设计项目中也有诸多设立总协调机构的案例。

2. 设立总设计师制度

好的规划设计不但要求文本和导则编制的成功，而且要在具体空间形态上体现出来，这就需要有与之相应的形态控制执行者。这个执行者可以是城市设计的设计者（建筑师或规划师）；也可以是规划管理机构的专业工程师，他必须从头至尾参与城市设计，了解城市设计的目标和细节，或在实施初期开始监管该城市设计，但与城市设计师有很好的沟通并能理解整个设计的意图；还可以是城市设计或建筑行业的知名专家，且对本地区有深度了解，在专业范畴上具有权威性。但无论这位执行者为何种身份，至关重要的一点是他必须具有操作权，在实践过程中具有决策能力。

总设计师制度正是为这一城市设计具体执行者而设的。总设计师经政府授予职权，在整个城市开发过程中全程跟进项目情况，在条件变化的情况下负责调整原城市设计的不适宜部分，保证城市设计最大程度实现。

总设计师在城市设计组织中不直接参与各建筑物造型、空间形体以及空间环境的具体设计，通过已制定城市设计与建筑设计细则规范，针对某一特定规划地区，向设计各单体建筑的责任建筑师阐述该地区应有的环境景观形式，引导其为城市营造良好环境景观，并向他们提供一些能被居民、政府部门、设计者及建设者共同认可的设计构想。

从某种意义上说，总设计师与城市设计师是"无专业的专业者"，扮演的是倡导者、策划者和协作者的角色。因此，总建筑师必须跨越自身的认知和学术的限制，热切关注城市公共空间事务的参与、发展和运用新的专业技巧，提供新的设计方法以及长期为市民提供教育与指导。这些既是市民社会对空间权利的分享，以及市民"公平地接近城市空间与环境的权力"的社会性要求，也是空间设计者责无旁贷的社会使命。

总设计师制度在我国已有先例，如杭州市聘请同济大学卢济威教授为城市总设计师，负责把握杭州市的总体城市形象及协调设计风格；为了保证建设开发的质量，历史文化名城苏州就专门委任东南大学建筑研究所的齐康教授对新辟的干将路两侧所有重要建筑物的设计进行把关，收到了预期的实施效果。

6.2.2 发挥城市设计的公共政策手段，灵活运用管理工具

在美国、英国、日本等国家，城市设计控制已有相当长的历史。上世纪九十年代大部分发达国家的相关法律都授权政府的职能部门对于开发活动进行城市设计控制，其在管理制度和管理技术上都有值得借鉴的经验。

规划管理部门是城市设计执行者，需具备专业素养和工作经验，对城市设计有正确的理解，有维护公众利益的责任感。同时要掌握政策管理工具，敢于突破，借鉴和学习优秀的经验，如地铁开发的"一个机构，两块牌子"模式、联合开发模式、容积率地块内转移、区内转移模式等，发挥创造性的管理手段，达到利益的均衡。

1. 静安寺地区城市设计中可借鉴的管理工具

1）在初期公共设施（地铁、公园、广场）建设资金短缺的情况下运用 BOT 模式，在投入少的情况下获得了城市环境的极大改善。BOT 模式（Build－Operate－Transfer）。即建设—经营—转让方式。政府或具有政府背景的组织（企业）与项目建设公司通过签订特许权协议，政府将一个项目的特许权授予项目公司，而项目公司在特许期内负责该项目的设计、融资、建设和运营，并从中回收成本、偿还债务、获取利润，特许经营期结束后项目公司将项目所有权移交给政府。与 PPP 模式的区别在于 BOT 模式中政府在该项目中不投入，而由项目公司完全投入，因此项目公司的目标与作用机制较为简单：即在特许经营期内通过商业合作方式取得收益。一般来说，BOT 模式的项目公司通常由一家开发单位直接控股。

2）在后期的步行街建设中运用公私合作（PPP）开发模式，使综合体与周边环境建设保持同步完成，同期投入使用。PPP 模式（Public－Private－Partnerships）指政府与营利性企业或者非营利性企业在某个项目上形成相互合作关系，通过合作，各方可以达到比单独行动更有利的结果。

3）在后期静安交通枢纽工程中规划局通过空权转移的模式成功取得香港天顺有限公司的地下地上两层空间，用以建造公交换乘枢纽，达到"双赢"，便是在管理者敢于突破常规、积极思考新的操作模式的努力下达成的。

4）在静安寺广场后期管理上，将管理权交给锦迪公司，这样的做法其实优于政府直接管理。政府管理公共空间的弊端是：投入精力有限、空间使用不充分、不能积极引入使用者需求的服务内容。例如杭州钱塘江的广场和码头，设计细致合理，在初期便全部建成，游船码头、售票厅等工程早已完成，但空置多年。如若交由私人管理或公私联合，则能更好地得到利用和开发，市民也能早日使用已建成的公共空间。静安寺广场在锦迪公司的运营下，文化和商业活动频繁，又因处在交通要地，人流量大，因此使用度非常高，受到民众一致好评。锦迪公司在管理过程中对地铁出风口、广场设施的维护细致，能保持广场在使用过程中坏损得到及时修复，能积极引进新的商业模式，在盈利的同时保证市民的购买需求得到满足。上海太平桥公园也是私人管理维护的优秀案例，香港瑞安集团投资管理的公园为周边市民提供了优美的绿化景观，但私人经营会出现的问题是，可能对某些公共空间的使用实行收费导致公共空间活力下降。因此公私联合的运营方式值得推荐，政府充当监管角色能有效抑制这一行为的产生。

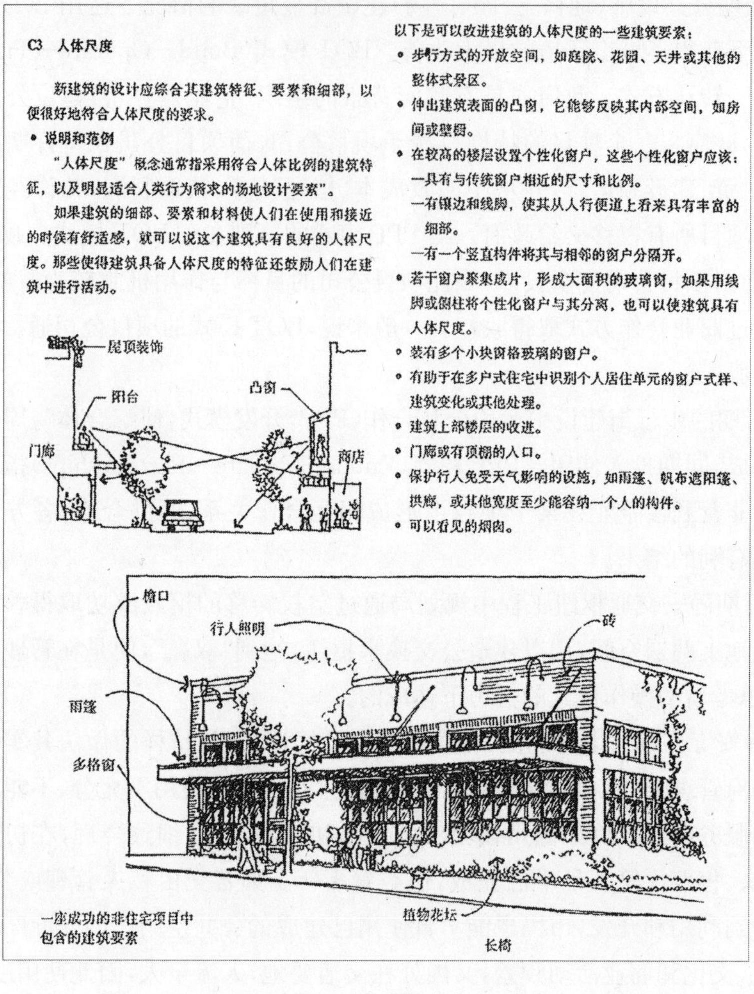

C3 人体尺度

新建筑的设计应综合其建筑特征、要素和细部，以便很好地符合人体尺度的要求。

● 说明和范例

"人体尺度"概念通常指采用符合人体比例的建筑特征，以及明显适合人类行为需求的场地设计要素"。

如果建筑的细部、要素和材料使人们在使用和接近的时候有舒适感，就可以说这个建筑具有良好的人体尺度。那些使得建筑具备人体尺度的特征还鼓励人们在建筑中进行活动。

以下是可以改进建筑的人体尺度的一些建筑要素：

● 步行方式的开放空间，如庭院、花园、天井或其他的整体式景区。
● 伸出建筑表面的凸窗，它能够反映其内部空间，如房间或壁龛。
● 在较高的楼层设置个性化窗户，这些个性化窗户应该：
  一具有与传统窗户相近的尺寸和比例。
  一有镶边和线脚，使其从人行便道上看来具有丰富的细部。
  一有一个竖直构件将其与相邻的窗户分隔开。
  一若干窗户聚集成片，形成大面积的玻璃窗，如果用线脚或倒柱将个性化窗户与其分离，也可以使建筑具有人体尺度。
● 装有多个小块窗格玻璃的窗户。
● 有助于在多户式住宅中识别个人居住单元的窗户式样、建筑变化或其他处理。
● 建筑上部楼层的收进。
● 门廊或有顶篷的入口。
● 保护行人免受天气影响的设施，如雨篷、帆布遮阳篷、拱廊，或其他宽度至少能容纳一个人的构件。
● 可以看见的烟囱。

图6-7 西雅图小区设计指南（选自《美国城市设计指南》）

2. 方案审核的政策工具借鉴——美国西雅图小区设计指南

城市设计师有为管理者提供可操作的控制导则的责任，政府管理部门也可自行运用契合自身实践的管理办法，以方便方案审核。

以美国西雅图小区设计指南评审清单为例，西雅图市的设计指南与前文提到的波特兰市设计指南相似，其中说明了开发项目应达到的设计目标，并针对每个目标做出详细的解释，并总结成一份清单，内容涵盖了评审中所有重要问题。在确定这些最重要问题后，开发商、设计师在这个框架下进行设计工作，规划管理人员及相关机构以此为依据进行方案审核。

设计指南评审清单

　　本列表是对设计指南所讨论的问题的总结：它并不是一个常规方法或者设计指南自身的用词或范例的替代品。它的目的是，协助决定哪项设计指南最适用于某个特定特点。

A. 场地规划

	N/A	较低优先级	较高优先级
1. 彰显已有的场地特征	□	□	□
2. 彰显已有的街景特征	□	□	□
3. 从街道进入的入口有明显标志	□	□	□
4. 鼓励人们在街道活动	□	□	□
5. 相邻地点对隐私的侵犯减少到最低	□	□	□
6. 在建筑和人行便道之间留出空地以求安全，并保护隐私以及提供交流（居住区项目）	□	□	□
7. 尽最大可能在场地建筑开放空间（住宅区项目）	□	□	□
8. 将停车场和汽车对行人和周围房产的影响降至最低	□	□	□
9. 不鼓励沿街停车	□	□	□
10. 将建筑朝向街角，在沿街的公共位置，停车泊位要远离拐角处	□	□	□

B. 高度、体量和规模 □ □ □
使附近密度较低的地区建造具有明显变化的建筑 □ □ □

C. 建筑要素和材料

	N/A	较低优先级	较高优先级
1. 补充没有疑问的现存特征使其完整	□	□	□
2. 对邻近的历史性建筑做出回应	□	□	□
3. 贯彻建筑理念	□	□	□
4. 采用人体尺度和人类行为模式	□	□	□
5. 使用耐久、有吸引力和做工精细的建筑材料	□	□	□
6. 车库入口最小化	□	□	□

D. 步行环境

	N/A	较低优先级	较高优先级
1. 提供方便、有吸引力和安全的行人入口	□	□	□
2. 避免使用无门窗的墙	□	□	□
3. 挡土墙高度降至最低	□	□	□
4. 把停车场对步行区域的视线和环境影响降至最低	□	□	□
5. 停车建筑视觉影响降至最低	□	□	□
6. 遮掩垃圾箱、设施和服务区	□	□	□
7. 考虑人身安全	□	□	□

E. 景观

	N/A	较低优先级	较高优先级
1. 彰显邻里社区已有的景观特点	□	□	□
2. 美化建筑和场地的景色	□	□	□
3. 利用场地特殊条件以营造景观	□	□	□

图 6-8　西雅图小区设计指南评审清单（选自《美国城市设计指南》）

6.2.3 制定城市设计的长期发展计划并将其纳入法律体系

1. 采取措施保证城市设计的长期发展

"任何新的东西都是在旧机体中生长出来的,每一代人仅能选择对整个城市结构最有影响的方面进行规划和建设,而不是重新组织整个城市"(TEAM 10)。

政府领导者为了自己的政绩需要推翻前一轮规划重来的现象极为普遍,因此许多规划难以贯彻落实并缺乏连贯性。政府领导人应该意识到一个城市的发展不是一代人(一届政府)能完成的,而是几代领导人共同努力的结果。责任传承、谋划长远、造福后人,才能成就不被遗忘的功绩。

在中国政治体制所导致的"政绩观"还存在、执政者没有较高执政觉悟时,需要运用成文规定来限制执政者"翻规划"的陋习,这一成文规定具备不可随意更改的特性。一方面,应努力争取城市设计的法律地位;另一方面,在城市设计不具备法律效益的时期,城市设计文本编制过程中应促使城市设计与控制性详细规划(具有法律地位)与之结合,文本编制完成时,首先应通过合法、完整的评审体系(上级政府领导班子+上级管理部门+专家评审会+市民)通过这一规划,以保证今后领导人的更换较小的影响城市设计的实施,并辅以设置总设计师职位,其职权应不受地方政府(以城市设计行政级别来定,静安寺地区城市设计则为区政府)领导人的限制。通过上级领导肯定的规划设计虽不具备法律地位,但更成熟更正式,且能保证符合整个城市的发展规划。通过市民抉择的城市设计策略,在今后废止的听证会上也较易获得支持而有可能保持延续。

2. 城市设计法制化之辩

城市设计是否应纳入法律体系需要辩证地看待。有观点认为城市设计应对具体的工程设计留有发挥空间,鼓励具有特色和创造性的设计产生,因此硬性的法律规定难免会成为桎梏建筑师创造活动的枷锁。另一方面城市设计师苦于设计没有法律效力而无法将优秀的设计思想落到实处,因而强烈要求城市设计纳入法律体系。

从立法的内容来看,牵涉到具体的执法程序和机构、城市设计编制和审批评定的方式方法、城市设计成果和相关政策的生效方式以及管理实施中的奖励和惩罚规定等。这些内容需要经过严格探讨才能保证立法对城市设计实施具有促进作用而不是相反。从规划管理来看,总体规划和控制性详细规划是基本的法定文件,实施性的城市设计需要有足够的法律效力,但将其法规化又将需要大量的人力、物力和时间成本,而且效果也未必好。对于土地批租尚未进行的城市地区。可以在土地"招、拍、挂"阶段进行面向多元主体的实施性城市设计,可以把法定规划的控制要求转化和细化,落实为土地批租的基本文件之一。这样的做法,既简化了规划控制的操作办法,又可以有较明确的针对性,容易适应复杂多变的市场开发情况。

笔者认为对城市发展有益的城市设计思想确需要得到有力的法律支持。但在没有法律支持的情况下,可以和本身具备法律效力的控制性详细规划结合来确立部分内容(控规因不具有某些城市设计内容而无法涉及城市设计的全部)。因此建议城市地区在进行控制性详细规划编制之前先进行城市设计研究,选取城市设计中对城市发展有益的内容,以此为基础编制控制性详细规划,由此解决城市设计无法律效力而控规有效却缺乏三维空间形态塑造的问题。

城市设计要"融入"控制性详细规划中存在一定的技术难度。当有些城市本身已完成控规时,再对其进行城市设计往往存在对城市地区涂脂抹粉的嫌疑。如何应对这种尴尬处境,是城市设计师需要思考的问题。

从寻求法律地位的行动上来看,政府管理者比规划设计者更加急切并且具备更多的职权和操作办法。2011年上海的城市规划管理规定,重点地区的控规编制必须结合城市设计的设计成果,也就是城市设计的控制条件进入到控规里,这项规定是城市设计法制化的一项权宜之计。另外,同济大学卢济威教授完成的《漳州市中心区城市设计(2011)》方案和导则经福建省人民政府审批通过,并由政府特许获得了法律效益,作为漳州市未来城市建设的主要控制文件。

6.2.4 加大公众参与力度

公众参与的根本目的是增加沟通,便于城市设计实践活动更好地满足公众需求。其具体内容有:确定问题;解决问题(收集人们对方案的反应和反馈、对被选方案的评估);解决冲突,协商意见(刘宛,2004)。社会学家谢里·安斯汀1969曾针对公众参与提出了"梯子理论",将市民参与城市设计的方式分为三种层次:非参与、形式性参与和实质性参与。从我国城市设计发展的现状来看,目前公众参与程度停留在"非参与"和"形式性参与"的阶段。一些发达城市的规划公示措施,属于"告知"或"咨询"的层级。但是,如果没有执行决策的权力,告知决策并无任何价值[①]。上海政府推行公众参与这一政策(包括社区建设、城市规划中的听证政策)多年,但是收效并不明显。然而,城市发展、市民社会的兴起、网络社会的建构都将导致公众参与爆发式的扩张。

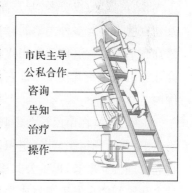

市民主导
公私合作
咨询
告知
治疗
操作

图6-9 "梯子理论"示意图

1. 网络信息时代与民主

在信息时代,网络不仅仅是大众传媒的重要组成部分,更是一种资源、一种重要的政治影响力。网络民主参与的广度、深度和效率,都具有传统民主参与不可比拟的优越性,

---

① 引自[美]哈米德·胥瓦尼,著. 都市设计程序. 谢庆达,译. 台北:创兴出版社,1979

对民主建设具有积极的推进作用。网络作为新的政治参与手段和空间无疑更具威力,当网络应用于政治后,它必然会提高公民政治参与的有效性。政治参与主体范围的扩大,由于网络技术的隐匿性、开放性,公民上网参政的代价相对于传统方式而言政治风险大大降低,微博的红火更是加剧了高教育水平网民的网络政治参与度,例如,近年来网络上热议的"我爸是李刚""动车出轨事故""南京彭宇案"等,这些网络讨论已经在某种程度上影响了政府处理问题的方式。网络对民主的促进作用,直接增加了市民参与政府决策的热情、机会及有效性。

2. 政府管理体制转向

我国的公众参与发展较晚,在上世纪还处于启蒙阶段。政府被假定代表社会公众的意愿,因而独自操纵了整个决策过程。21世纪初规划法规要求市民必须被告知相关政策及建设项目,政府应组织听证会,但是其实也只是知情权,对政策影响力微弱。近年来政府的公众参与力度大大增强,中心城区政府门户网站对规划建设的通告、疑问的收集与解答,都不再是"面子工程",许多市民要求公开的信息得到了公开,提出的建设问题也得到了解答。但是这种自上而下的公众参与机制并没有获得大范围人群的接受。

我们也从中国台北、美国、日本等国家和地区的实际经验看到,公众参与机制的运作不应只有"自上而下"的顺向操作,还应有"自下而上"的反向操作过程;并且使"自下而上"操作成为主导,"自上而下"的操作成为辅助。

(1) 中介性组织的介入——"自下而上"的参与机制

政府、市民、投资者、开发商、规划师等都是城市设计的利益代表,为了更有效地开展互动也就需要有多种类型的合法代表存在,这些合法代表必须具有差异性,而且都不应该拥有垄断权。这也就是当代社会中大量中介性组织存在和蓬勃兴起的原因。这些中介性组织的目的就在于保证它们所代表的利益团体被纳入到决策制定与实施的考虑范围内。

也就是说,在市民社会中政府不再是实施社会管理功能的唯一权力核心,而是非政府组织、非营利组织、社区组织、公民自发组织等第三部门以及私营机构将与政府共同承担起管理公共事务,提供公共服务的责任。这种治理模式变革的内在行动逻辑是:市民社会和民间的自发组织将成为一种主要的发展潮流,公民的个人责任以及个人对自己决定承担的后果将上升为社会选择过程中的主要法则,多元竞争被不断引入公共物品和服务的提供与生产过程中。而在政府体系中,政府管理职能和权限也不断向地方政府转移,地方治理形成了权力下放、地方自主管理的格局;社会事务的管理则更多地由社区组织承担起来。

但是也要注意,"自下而上"的反向操作在大多数民众主动参与素养不甚成熟之际,固然必需借由中介性组织予以诱导与启发,但更要避免如前述章节提及因中介性组织之强势介入而隐没弱势民众的真实心声的潜在危机。

（2）完整公众参与过程，明确程序规定

公众参与城市规划需要在整个城市规划过程中的参与局部地、部分地进行公众参与也同样难以获得好的成效。而对于城市规划整个过程中的公众参与，需要针对各个阶段、针对所有公众参与的行为制定相应的程序和操作规则，尤其对相关联的决策权力的分配和制约等需要有完整和严格的规定，这样才能保证公众参与的有序开展。

（3）权衡各种"声音"的可取度

从政府角度来说，民主的力量包含各方声音，但是必须权衡哪些是有分量的声音。公众意见不都是正确和需要吸收的，对于底层或中低层的人们，因他们对城市建设毫不关心，并且难以组织，且往往仅考虑短期利益得失及特定威胁，无法顾及他人或城市的整体利益；另一方面，对某些特殊规划课题来说，使用者或市民意见是否是人文向度中的一项完美"权力法典"则是值得怀疑的①。

3. 公众参与所提出的意见必须获得反馈

政府决策须针对公众意见进行多方收取后，必须给予公众信息反馈，可以组织听证会、专家讨论会等方式，多方调整政府决策，使市民的参与体现在最终决策里，否则市民参与公共政策的热情只能消退，对政府的信任度也随之降低。

6.2.5 建立城市设计的实效评估体系

对城市设计学者和设计者来说，城市设计实施评价是改进工作方式、促进城市设计实施的有效办法。对城市设计的实践主体（城市政府）来说，城市设计实效评估体系的建立是检视城市设计运作绩效的工具。

对于城市设计的实施效果进行阶段性评价，目的是检讨城市设计控制在实施中面临的各种问题（既有规划编制方面的也有规划管理方面的问题、既有规划管理部门的也有其他管理部门的问题、既有地区发展中未解决的也有地区发展中新出现的问题），并制定相应的改善措施，以确保城市设计控制更为有效的实施。

绩效评价在关键在于制度建设，即运用法律、行政等手段对绩效评价的方法、标准和程序提供制度性保障。绩效评价的工作内容如下：

1) 建立评价标准。美国、英国等国家都针对城市设计有过评价标准的分项表达，本文对城市设计的评估也是在这些标准的基础上总结确立的。但是关于城市设计的评价标准众说纷纭，至今未得权威性结论。政府管理者对城市设计实施效果的阶段性评估的标准更需谨慎对待，力图全面缜密且将不确定因素纳入考虑范围（这是一项极其困难的工作），既能对设计方案进行打分，又能对政府操作过程进行内容分解继而一一评价，

2) 设立评审机构。评审委员会应是独立的非官方机构，其成员可由政府代表、专业

---

① 引自［美］哈米德·胥瓦尼，著.都市设计程序.谢庆达，译.台北:创兴出版社,1979

人士、其他社会人员等组成,主要对管理行为进行分类并对照产生的实际效果进行评价。

3) 制定评审程序。可借鉴美国完善的程序安排。

对既有城市设计的实施结果和过程进行评价性研究有利于总结管理模式和经验并运用到今后的城市设计操作中,因此应尝试在各种类型的城市设计实践中开展城市设计实施评价的试点工作,积极探索和推广适合我国国情的城市规划实施评价方法。

本章小结 城市设计如何得以实施?

对"如何增强城市设计实效性"的问题作以下总结陈述:

在城市设计编制阶段,城市设计师需要注意几点:

1. 导则分级控制(区别出严格控制和弹性控制的要素);

2. 了解市场运作机制(土地政策、资本运行模式、分期实现的衔接手段及规划法规的影响);

3. 平衡各方利益(管理者的价值取向、开发商的利益追求、与建筑师和市民积极沟通);

4. 将导则的设计语言转译为管理语言以方便管理者理解和落实城市设计(导则的可操作性)。

在城市设计规划管理阶段,规划管理者可借鉴以下几点:

1. 设立城市设计总协调机构和总设计师制度;

2. 发挥城市设计的公共政策手段,灵活运用管理工具(BOT 模式、PPT 模式、空权转移法、联合开发经营同意转让等);

3. 制定城市设计长期发展计划并将其纳入法律体系;

4. 加大公众参与力度;

5. 建立城市设计的实效评估体系。

7 结 语

1. 对静安寺地区城市设计实施效果的总结

静安寺地区城市设计的编制工作于 1995 年开始，1996 年结束；1999 年地铁 2 号线、延安高架、静安寺广场和静安公园等核心工程竣工；2002 年静安寺地区开发项目投资主体全部确定；2011 年初静安寺交通枢纽项目和 1788 国际中心项目的结构封顶标志着静安寺地区城市形态的基本树立；2012 年该地区的建设全部结束。静安寺地区城市设计 15 年的实施过程为以后的城市更新提供了可靠的事实依据及操作经验。

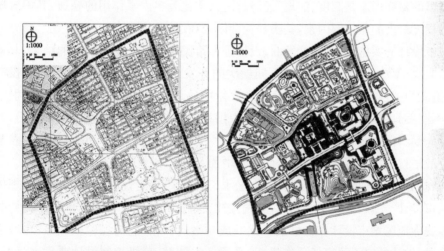

图 7-1 1995 年城市设计前(左图)后(右图)静安寺地区总平面图

图 7-2 2011 年静安寺地区总平面图(google 地图 & CAD 图)

总的来说,城市设计总体目标基本达到。城市设计所制定的结构性框架(寺、园结合)得到实施,城市总体形态(高层围合中心绿地及寺庙)也得到了完整的诠释,但建筑高度普遍高于原城市设计所预想。地区交通作为设计要点,很好地解决了静安寺地区建筑及地铁站之间的联系问题。1995年城市设计所规划的城市形态成功地指导了地区开发,为政府提供了一个直观的城市意象和一套可操作的实施办法。该城市设计所规划的地区城市形态成为2002年南京西路规划的基础,并且确定了南京西路建筑制高点的分布。

美中不足之处:华山路下穿、二层步行系统、静安公园下大型公共停车库、高台式中庭广场等设计在多因素共同作用下没有得到实施。城市设计并非设计建筑,而是对城市系统性问题进行设计和协调。对静安寺地区城市设计来说,土地使用、交通、公共空间、文脉、生态景观五大体系的设计内容与实施结果达到了80%的吻合度,因此可以称得上是成功的案例。城市设计师与规划管理者在后期实施过程中都发挥了主观能动性,且在一定程度上代表了公众利益,为静安寺地区的发展贡献了汗水与智慧。

城市的最终形态是制度、法规、经济、社会、文化等多因素作用的叠加,其中对城市设计影响程度最大的是体制因素,其次是社会因素和经济因素。

城市设计的实施是政府、开发商、设计师和市民等多利益主体博弈的结果,其最终形态主要取决于政府管理者的意向;不同层次的开发商拥有不同等级的话语权,投资量越大,决策能力越强;城市设计师在设计阶段作用最为明显,但是在项目实施过程中由于"身份不明"而逐渐失去话语权;在现阶段中国社会,市民还不具备足够的影响力,其利益往往最先受到侵占,但从静安寺地区城市设计15年的建设过程中可看出,市民参与的主动性及话语权正在随着社会的进步而逐步增加。

"条状分割"、各级政府领导的更替、公共政策的不确定性和非延续性等管理体制问题是城市设计"失效"的最主要原因,突发性社会事件对单个地块建设亦具有较大冲击。

静安寺地区城市设计作为早期实践的成功案例,给我们的经验教训是:在城市设计编制阶段,设计师应了解市场运作机制、平衡各方利益、分级控制设计要素、将设计语言转译为管理语言;在城市设计规划管理阶段,规划管理者可借鉴以下几点来增加城市设计的实效性:设立城市设计总协调机构和总设计师制度,发挥城市设计的公共政策手段,灵活运用管理工具,制定城市设计长期发展计划并将其纳入法律体系,加大公众参与力度和建立城市设计的实效评估体系。

2. 客观地看待城市设计

当前中国对城市设计的认识大致有两种:一种以城市设计核心价值为基础,致力于发挥城市设计"有效提升城市综合环境水平"的效力,但结果并不理想;另一种认为城市设计没有价值,都是"糊弄人"的把戏。这两种认识的偏差是现阶段中国城市设计无确定行业标准造成的。中国城市设计正处在后劲十足的时期,政府大量的城市设计需求使得大批建筑师、规划师、景观建筑师甚至一些公共艺术设计师等都进入到城市设计的专业实践领域,所做出的城市设计成果参差不齐、五花八门,以至于许多人对城市设计的价值产生怀疑,而致力于城市设计核心价值显现的城市设计从业者反而因此被打上了弄虚作假的烙印。

城市设计的价值究竟有多大? 如何客观地看待城市设计?

通过对上海静安寺地区城市设计实施过程的详细资料展示、过程描述、实施结果与过程分析评价,笔者认为:城市设计的价值毋庸置疑,而城市设计实施的过程却并不像部分设计师想象得简单明确,它是一个长期的、复杂的、不确定的发展过程;市场经济条件下,高品质的建设环境必须依赖层次较高的开发者与高水平建筑师的参与,城市设计控制不是万能的,只有依赖良性的城市开发才能实现。

尽管在实践过程中,社会系统环境可能致使城市设计为政治过程辩护而价值异化①。不同利益动机的社会行动者强烈冲击着城市设计实践的原初目标和方向,造成"维护与增进建设环境公共价值"的选择时常难以为继,然而,"城市设计不一定能创造出最好品质的建设环境,但至少可以避免坏的建设结果出现"。静安寺地区城市设计的作用得到了包括政府管理者、开发商以及专家、学者的一致认同,足以证明一个深思熟虑的城市设计对城市区域发展的作用之大。静安寺城市设计实践中设计师和管理者在公众利益与权力所有者利益之间周旋的过程是有价值的,这些努力为市民争取到了一个便捷的交通体系、一个保护古树和彰显文化的城市中心区、一个公私利益结合的交通枢纽。因此,即便社会体制问题限制了城市设计的功能发挥,但是设计师和管理操作者共同努力的成果是值得期待的,而当今社会转型、市民力量的蓄发,也为城市设计的转向提供了力量源泉。

3. 本研究的局限

本书为城市设计的实例研究,此研究具有自身的局限性,主要体现在两个方面。

一是案例局限性:本书选取的《静安寺地区城市设计》设计范围为 3.4 公顷,属控制性详细规划层面的城市设计(地区型城市设计),研究结论对咨询型城市设计和城市总体设计有一定借鉴作用,但因具体的设计目的不同,不能一概而论。

二是研究局限性,又分为两方面:

第一,本书对城市设计的实效评析属于价值判断的范畴,是根据一定的价值标准进行的主观评价。在介入调查、了解、梳理和分析事实的研究过程中,本书虽然极力避免,但不可避免地可能会带有某些偏见,或者在调研中不自觉地寻找某些事实,访谈纲要、问题选择、资料收集都可能牵涉到作者的价值观,这是采用社会科学研究方法中难以避免的。笔者在访谈后,审视各方所言,再通过对历史文献资料、官方报道等的查阅,一一核对,努力从中获取最真实及符合时间、事件逻辑的描述,最后整理成各个故事,但由于访谈并不是全面的,诸多参与该规划某些项目实施的相关人员已无法取得联系,现存对外开放的文献记录也并不全面,因此某些陈述也必然存在遗漏。正如美国著名的作家温特森所描述的:

---

① 选自金勇.城市设计实效论.南京:东南大学出版社,2008

当我翻开一本历史书,眼前浮现出想象中的情景:历史就在封面封底的字符间挤压这个处处漏水的世界,我便会震惊。或许,攻不破的真相自在其中。上帝看得到。上帝都知道。但我不是上帝。因此,每当有人告诉我他们听说了或看到了什么,我便会相信他们,并且我相信他们的朋友也看到了,只不过是以不同的方式看到的,我可以把这些见闻见解全都拼凑在一起,那不会让我得到天衣无缝的奇迹,而无非是个三明治,浇上了我的芥末酱。

——Jeanette Winterson《橘子不是唯一的水果》

第二,关于城市设计实施评价的标准问题。因为对城市设计的评价有定性和定量两个方面,前人有许多总结,其中 PPTP 研究模型更为精确严密,但是实施起来非常繁复。再者,实施过程属于管理决策内容,对政策效率的评估是一个庞大的研究体系,涉及面极广,因此本书选择的是定性评价为主、定量评价为辅的研究方法,也就不可避免地降低了其数据价值及客观度。

另外,在对静安寺地区城市设计实施过程进行介绍时,有两种方法供选择——描述与统计。美国社会学家詹姆斯·马奇对这两种方式进行了比较,认为"描述而非统计被证明是人类理解方面一个更好的特征。描述能够很好地处理情境和事件多重混合的情况,这些混合在组织历史中产生了重要而有趣的事件"[①]。因此,本书选择了可读性和对理解更加有益的描述性介绍,因此减弱了研究的科学性。

4. 对未来研究的希望

本书是对静安寺地区城市设计十五年后的一个阶段性评价且只针对重点建设地块,而不是对静安寺地区城市设计所有地块的实施过程进行调研,因此不可避免地留有疑问,亟待解答。希望本书能为以后的研究提供事实基础。笔者期望五年或十年后能有对城市设计实施结果更为全面综合的评价方法及其研究结果出现,其成果既包括本研究所关注的政策内容执行结果评价,也包括对其绩效影响的评价。这种绩效评价应包括两个层面的问题:第一层面是针对政策实施结果对社会环境的影响进行评价,即城市设计对城市公共空间环境产生的实际影响;第二层面是将这一实际影响与执行结果相比较,以关注政策执行结果与实际绩效是否有关联,并以此为基础,对城市设计实施过程进行评价。可以想象,这样的评价更加全面,但是由于牵涉到较多社会经济特别是形态景观方面的问题,会使得评价过程更加困难。

---

① 选自[美]詹姆斯·马奇,马丁·舒尔茨,著. 规则的动态演变. 周雪光,童根兴,译. 上海:上海人民出版社,2005

参考文献

中文专著与译著

[1] 上海市地方志办公室,当代上海研究所.上海改革开放 30 年图志:区县卷.上海:上海人民出版社,2008

[2] 达世新."破茧"兴城:静安区旧区改造 30 年全景实录.上海:上海人民出版社,2008

[3] 贾树枚.记录历史·见证辉煌:上海改革开放 30 年新闻摄影作品选.上海:上海人民出版社,2009

[4] 汪胜洋.跨世纪崛起:上海改革开放 30 年回顾、总结和展望.上海:上海财经大学出版社,2008

[5] 曹景行.亲历:上海改革开放 30 年.上海:上海辞书出版社,2008

[6] 上海市地方志办公室.上海改革开放 30 年图志.上海:上海人民出版社,2008

[7] 夏冬元,主编.上海大博览 1900—2000.上海:文汇出版社,2002

[8] 上海通志编纂委员会.上海通志 1.上海:上海人民出版社,上海社会科学院出版社,2005

[9] 上海市测绘院,中华地图学社.上海市静安区地图.上海:中华地图学社,1999

[10] 静安区人民政府.静安区地名志.上海:上海社会科学院出版社,1998

[11] 王志明.上海改革开放二十年系列丛书:静安卷.上海:上海远东出版社,1998

[12] 卢志刚.米丈建筑地图:上海.上海:上海人民出版社,2009

[13] 德悟,慧明.赤乌古刹:上海静安寺建寺 1750 周年纪念集.上海:文汇出版社,1997

[14] 王国滨.静安名街.上海:静安年鉴编辑部,2005

[15] 李天纲.老上海.上海:上海教育出版社,1998

[16] 承载,吴健熙.老上海百业指南:道路机构厂商住宅分布图.上海:上海社会科学院出版社,2008

[17] 周振鹤.上海历史地图集.上海:上海人民出版社,1999

[18] 上海市第五次人口普查办公室,上海市统计局,上海市测绘院.上海市第五次人口普查地图集.上海:上海人民出版社,2002

［19］张伟.老上海地图.上海:上海画报出版社,2001

［20］上海市测绘院.上海市影像地图集:中心地区.上海:上海科学技术出版社,2001

［21］静安年鉴编辑部.南京西路一百四十年:1862—2002.上海:上海社会科学院出版社,2003

［22］贾树枚.记录辉煌·见证历史:上海改革开放30年新闻摄影作品选.上海:上海人民出版社,2009

［23］[美]哈米德·胥瓦尼,著.都市设计程序.谢庆达,译.中国台湾:创兴出版社,1979

［24］[美]E D 培根,著.城市设计.黄富厢,朱琪,译.北京:中国建筑工业出版社,1989

［25］斯皮罗·科斯托夫,著.城市的形成:历史进程中的城市模式和城市意义.单皓,译.北京:中国建筑工业出版社,2005

［26］[美]Roger Transik,著.找寻失落的空间.谢庆达,译.中国台湾:田园城市文化事业有限公司,1997

［27］[英]G 卡伦,著.城市景观艺术.刘杰,周相津,编译.天津:天津大学出版社,1992

［28］[美]乔纳森·巴奈特,著.开放的都市设计程序.舒达恩,译.中国台湾:尚林出版社,1986

［29］[美]乔纳森·巴奈特,著.都市设计概论.谢庆达,庄建德,译.中国台湾:尚林出版社,1984

［30］王建国.现代城市设计理论和方法.南京:东南大学出版社,1991

［31］熊明.城市设计学——理论框架·应用纲要.北京:中国建筑工业出版社,1999

［32］夏祖华,黄伟康,编著.城市空间设计.南京:东南大学出版社,1992

［33］卢济威.城市设计整合机制与创作实践.南京:东南大学出版社,2005

［34］[美]理查德·马歇尔,著.美国城市设计案例.沙永杰,编著.北京:中国建筑工业出版社,2004

［35］[美]约翰·彭特,著.美国城市设计指南:西海岸五城市的设计政策与指导.庞玥,译.北京:中国建筑工业出版社,2006

［36］金勇.城市设计实效论.南京:东南大学出版社,2008

［37］庄宇.城市设计的运作.上海:同济大学出版社,2004

［38］李少云.城市设计的本土化.北京:中国建筑工业出版社,2005

［39］[美]詹姆斯·马奇,马丁·舒尔茨,著.规则的动态演变.周雪光,童根兴,译.上海:上海人民出版社,2005

［40］［美］罗伯特・A 卡洛,著. 成为官僚. 高晓清,译. 重庆:重庆出版社,2008

［41］［意］伊塔诺・卡尔维诺,著. 看不见的城市. 张宓,译.南京:译林出版社,2006

外文专著

［1］Barnett Jonathan. The elusive city:five centuries of design, ambition and mis-calculation. New York :Harper & Row, 1986

［2］Christopher Alexander: A New Theory of Urban Design. Oxford University Press, 1987

［3］Jonathan Barnett: Urban Design As Public Policy, Architecture Record, 1974

［4］Peter Batchelor, David Lewis, Editors: Urban Design in Action, Volume 29, The Student Publications of the School of Design, North Carolina State University, 1985

［5］Kevin Lynch: Good City Form, MIT Press, 1984

［6］David Gosling & Barry Maitland: Concepts of Urban Design, Academy Editions. London/ St. Martin's Press. New York, 1984

［7］Ali Madanipour: Ambiguities of Urban Design, Town Planning Review, 1997, 68(3)

［8］Alan Balfour. Berlin:The Politics of Order 1737−1989. Rizzoli International Publications,1990. 10

［9］Altshuler, Alan A. / Luberoff, David E. / Lincoln Institute of Land Policy (COR). Mega−Projects. Rizzoli International Publications. Brookings Inst Pr

［10］Peter Cookson Smith The Urban Design of Concession: Tradition and Transformation in the Chinese Treaty Ports. mccm Creations,2011. 5

［11］Urban Design Associates. The Urban Design Handbook: Techniques and Working Methods. W. W. Norton & Company,2003. 1

［12］Thomas Telford. The Value of Urban Design:A Research Project Commissioned by CABE and DETR to Examine the Value Added by Good Urban Design,2001

学术期刊

［1］余柏椿. 我国城市设计研究现状与问题. 城市规划,2008,32(8)

［2］张剑涛. 简析当代西方城市设计理论. 城市规划学刊,2005(2)

［3］孙施文,周宇. 城市规划实施评价的理论与方法. 城市规划汇刊,2003(2)

［4］赵力. 德国柏林波茨坦广场的城市设计. 时代建筑,2004(3)

［5］杨小迪,吴志强. 波茨坦广场城市设计过程述评. 国外城市规划,2000(1)

［6］赫磊,束昱,王璇. 地铁车站及周边地上、地下空间城市设计探讨. 地下空间与工程学报,2006,2(7)

［7］孟昕. 下沉广场问题初探——以上海静安寺地铁出口广场为例. 华中建筑,2004(22),No. 2

［8］程建钧. 透视静安寺商圈开发. 上海房地,2009(3)

［9］胡俊,张广旸. 90 年代的大规模城市开发——以上海市静安区实证研究为例. 城市规划汇刊,2004(4)

［10］朱建伟. 静安寺地区与九百城市广场的功能定位. 上海商业,2001(1)

［11］黄富厢,张鸣,马振荣,等. 上海旧城综合改建详细规划与控制. 国庆 40 周年专稿

［12］卢济威,林缨,张力. 生态·文化·商业——上海静安寺地区城市设计. 建筑学报,1996(10)

［13］张美靓. 城市公共空间的设计控制实施研究——静安寺庙东步行街建设成因及过程解析. 科技资讯,2006(15)

［14］张荣. 保护性建筑物的修缮——刘长胜故居. 住宅科技,2004(8)

［15］郑华奇,蓝戊己. 刘长胜故居整体平移工程的设计与施工. 建筑技术,2003,34(6)

［16］方世忠,李震,李寅. 土地集约利用背景下的地下空间开发——"十二五"静安区地下空间开发与利用规划的初步研究. 上海国土资源,2011,32(1)

［17］陈卫平. 上海:城市精神、海派文化、人格形象. 探索与争鸣,2003(7)

［18］王志平. 对上海建设国际大都市的新思考. 上海市经济管理干部学院学报,2009,7(4)

［19］刘士林. 上海城市的起源与发展. 江苏行政学院学报,2009,45(3)

［20］赵斌,徐雷. 城市设计的二元层级关系探讨. 规划师,2004,20(5)

［21］高运月,施明珠,冯一民. 小议城市设计. 广西城镇建设,2006(12)

［22］孙施文. 有关城市规划实施的基础研究. 城市规划,2000,24(7)

［23］孙施文. 城市规划实施的途径——《建设美国城市》一书评介. 城市规划汇刊,2000(1)

［24］孙施文,奚东帆. 土地使用权制度与城市规划发展的思考. 城市规划,2003,27(9)

［25］孙施文. 城市规划不能承受之重——城市规划的价值观之辨. 城市规划学刊,2006,171(5)

［26］孙施文. 现行政府管理体制对城市规划作用的影响. 城市规划学刊,

2007, 161(1)

[27] 孙施文,朱婷文. 推进公众参与城市规划的制度建设. 现代城市研究,2010(5)

[28] 黄雯. 美国的城市设计控制政策:以波特兰、西雅图、旧金山为例. 规划师, 2005,21(8)

[29] 黄富厢. 我国当前城市设计与实施的若干理性思维. 中国城市规划学会 2002 年年会论文集:城市设计

[30] 金广君,戴铜. 我国城市设计实施中"开发权转让计划"初探. 和谐城市规 划——2007 中国城市规划年会论文集

[31] 李少云. 探索务实的城市设计运作体系. 2006 中国城市规划年会论文集:城市 设计与城市文化

[32] 林姚宇,肖晶. 从利益平衡角度论城市设计的实施管理技巧. 2005 城市规划年 会论文集:城市设计

[33] 郑正. 寻找适合中国的城市设计. 城市规划学刊,2007,168(2)

[34] 阎树鑫,关也彤. 面向多元开发主体的实施性城市设计. 城市规划,2007, 31 (11)

[35] [美]C 亚历山大,著. 城市并非树形. 严小婴,译. 建筑师,1985,24

附录 A 《静安寺地区城市设计》目录

目 录

附　录

第二部分　设计图纸

一、总图

二、系统分析图

三、地块规划设计图

附录 B 城市设计核心地块建设历程大事记

1. 静安寺改建工程 10 年

✧1997 - 9 - 11　静安寺定为危房,拆除静安寺功德堂、前厅、客堂、事务处等房屋

✧1998 - 11 - 16　静安寺改建工程启动(奠基)

✧2000 - 12 - 14　初步设计方案通过,改建工程启动,钟鼓楼开工仪式举行

✧2001 - 5 - 20　钟鼓楼落成,慧明法师升为方丈

✧2002　静安寺金佛工程启动;完成大雄宝殿基座建设;东厢房土建基本完成,西厢房土建结构封顶

✧2003 - 1 - 9　上海市佛教协会致函静安区政府,要求将静安寺改建后新山门位置设定在钟鼓楼之前,以保持佛教寺院建筑传统形式,从而体现党和政府宗教政策及对历史文化的重视

✧2003 - 2 - 12　区政府在静安寺召开会议,重点研究静安寺改建工程山门定位问题。区长、副区长、慧明法师、静安寺改建办副主任郁望梅参加会议。会议取得一致意见:(1) 山门可突出钟鼓楼 1.8 米;(2) 山门厚度从 6 米减至 5 米;(3) 山门不设踏步,以最大限度扩大内广场面积

✧2003 - 10 - 9　召开阿育王经幢方案论证会

✧2003 - 12 - 28　新山门建成

✧2005 - 3 - 3　阿育王柱工程启动

✧2007 - 10 - 23　静安寺 1760 年庆典,福慧宝鼎落成,大雄宝殿开工

✧2009 - 4 - 15　静安寺宝塔、金佛殿开工。改扩建工程多次与《静安寺社区控制性详细规划》076 - 1、076 - 2 地块局部不符,规划管理者与静安寺主持多次协调,协调内容包括宝塔高度、道路退界、消防间距、日照影响等问题。

2. 静安寺步行街

✧2002　分别邀请两家美国公司对庙弄步行街的功能、风格、建筑进行设计

✧2003 - 12 - 25　庙弄步行街建成

✧2004 - 5 - 1　正式开街

3. 静安寺步行街二期项目——愚园路 128 基地

✧2004 - 12 - 31 竣工。该项目占地 1 407 m²,总建筑面积 4 226 m²,共 4 层,地下一层 1 155 m²,地上 3 层共 3 071 m²

4. 静安寺下沉广场

◇1998 - 3 - 31　奠基启动

◇1999 - 9 - 15　落成使用

◇2000 年区内地铁 2 号线静安寺站、石门一路站、静安寺广场工程获上海市市政工程金奖

◇2009 - 10 - 1　静安涌泉改建工程由锦迪公司完成

5. 静安公园

◇1998 - 12 - 10　封园重建。由日本综合设计院设计中标进行设计,由原本封闭式公园改为开放式都市绿心

◇1999 - 9 - 25　静安公园建成开放

6. 静安立体停车库

◇1997 - 11 - 28　建成使用。该车库占地 200 m²,由中韩合资兴建

7. 城市航站楼

◇1998 - 12 - 23　用地签约仪式举行(签约三方分别是:浦东机场负责人、地铁办代表、静开办代表)

◇2000 - 5 - 18　开工

◇2001 - 12　航站楼竣工

◇2002 - 6　机场 2 号线迁入航站楼,9 月正式启用

8. 航站楼配套工程——宏安瑞士酒店

◇2004　常德公寓 1994 年被列为上海市第二批优秀近代建筑。因此据有关规定,常德公寓 30 米内为保护区,城市航站楼配套工程必须对常德公寓进行视线分析并符合相应退界要求。为此航站楼方案调整案,主楼退至常德公寓西北面地界 30 米以外并进行公示。航站楼配套酒店为保护近代优秀建筑,化解居民矛盾,对方案作出重大修改、调整,付出较大代价。

◇2008 - 4　酒店开业

9. 刘长胜故居平移

◇始建于 1916 年

◇2001 年 4 月中旬,因故居位于航站楼配套工程基地内而进行整体平移。6 月底完成第一次平移,移动距离 33.6 米,此为上海历史上第一次建筑整体平移

◇2002 年 3 月,自重 1 200 吨的刘长胜故居除一楼因地基加厚而"变矮"60 厘米外,原封未动地搬到了新的位置。

10. 久光百货

◇1999　九百城市广场设计启动

◇1999 - 12 - 31　奠基典礼举行

◇2001 - 6　真正开始建造

◇2002　久百集团抓紧与香港崇光百货洽谈资金落实和设计修改

◇2003 - 12　建成

◇2004 - 6 - 25　上海久光百货有限公司全面试营业

11. 会德丰广场——南京西路 1717 号

◇1995、12、27　批租，占地面积 12 675 m²，由香港九龙仓集团购得

◇1997 年底因变电站未拆去，港方不肯作交地验收，最后一批租金未付

◇1998 年 8 月，决定该项目缓建，时间为 2 年（1997 年亚洲金融风暴）

◇2004 年，会德丰广场为了妥善处理地铁 2 号线保护问题，在无现成技术资料和工程先例情况下，积极配合地铁部门，经沪港两方专家研究后认真进行试桩，打下直径 1 米深达 106 米的搅拌桩和 7 根数据测试桩，获得隔离保护数据，为完善地铁 2 号线保护措施提供科学依据。会德丰广场顾全静安寺地区建设大局，配合地下空间开发和轨道交通建设，多次修改、调整设计方案

◇2010 - 9　竣工

12. 越洋国际广场

◇2001 年，土地批租

◇2004 - 6　开工，越洋广场为配合地铁建设多次进行方案调整

◇2008　越洋广场办公楼竣工

◇2009 - 9 - 4　越洋广场璞丽酒店正式开业

◇2011 - 02 - 10　全部竣工

13. 区青少年活动中心

◇1997 - 6 - 1　成立

14. 延安路高架

◇1996 - 8 - 26—1996 - 10 - 8　动迁速度之快创纪录

◇1999 - 9 - 10　高架华山路口设有自动扶梯的人行天桥建成使用

◇1999 - 9 - 15　高架正式通车

15. 4507 地块

◇2002 - 10 - 25　批租南京西路 1788 号地块（即 4507 地块），容积率为 7.3。该地块中部分原于 1994 年批租给香港东鸿联合有限公司和区城市建设开发总公司，此次在解除原合约的基础上，重新批租

16. 静安交通枢纽

◇2007 - 6 - 21　《静安寺交通枢纽详细规划（草案）》公布。不少居民来电、来访咨询项目具体情况

◇2007 - 7 - 6　华东院进行方案介绍，与会单位有市规划局、市市政局、市交通研究所、区建交委、区重大办、区配套公司、区停车管理中心等

◇2008 - 12 静安交通枢纽开工

◇2010 - 05 - 29 5 时许,公交 21 路头班车从全新的静安寺交通枢纽中心开出,意味着市中心这一重要的交通枢纽一期工程竣工并投入使用,即日起市民可以在这里方便地换乘轨交 2 号线和 7 号线。

17. 地铁 2 号线建设

◇基于"两级政府,两级管理"的工作原则,市区两级政府共同投资建设地铁 2 号线,区政府独立负责静安寺、石门一路两站站点建设任务

◇两座地铁站建设总概算 14.8 亿,资金分三大块筹措:(1) 市、区土地批租各返回 4 亿元;(2) 浦发银行贷款 5 亿元,年利率 15％,期限 15 年;(3) 自筹资金 1.8 亿元,主要通过各向大银行及区土地控股公司借贷

◇1995 - 10 上海市地铁 2 号线建设静安区筹建小组成立

◇1996 - 3 上海市地铁 2 号线建设静安区指挥部成立,下设办公室,简称"地铁办"

◇古树保护工作成效显著——按原静安寺站站址方案,车站设在静安公园内,动迁量小,但园内两排百年悬铃木必须搬迁。区地铁办以如下三个理由申请改道:1. 保护古树;2. 地块开发;3. 运行路线合理性。于是站址换位

◇1996 - 10 - 11 开会讨论剩下三棵仍在地铁施工范围内古树的保护措施

◇1996 - 12 - 10 静安寺站开工

◇1999 - 9 - 20 地铁 2 号线试通车

◇1999 - 9 华山路人行地道改建竣工,连接了地铁出口

◇1999 2 号线静安寺站和静安寺广场竣工后,各地考察参观团纷纷前来参观:

1. 【北京市考察团参观地铁静安寺站】对出入口(下沉广场)给予很高评价,认为思路新颖,值得借鉴;

2. 【泰国交通部长一行来访】称赞下沉式广场有创意,有特色;

3. 【全国部分城市政协委员参观静安寺广场】……

◇2000 区内地铁工程 2 号线静安寺站、石门一路站、静安寺广场工程获上海市市政工程金奖

◇2003 - 4 锦迪公司入股 2 500 万参与 7 号线建设

◇2003 - 11 - 13 几经改变的 7 号线车站终于定位

◇2004 年正式确定 M7,M6 车站分设。地铁 7 号线静安寺站地下 3 层中 2 层为地铁站体,地下一层全部为综合开发,并与两侧越洋广场、嘉里中心地下商业连成一体,开发面积 5 000 m² 左右

◇2005 - 4 - 15 7 号线静安寺站正式开工

◇2009 7 号线昌平路站和静安寺站投入运营

附录 C　城市设计前后静安寺地区社会文化事件汇总

1993—1997 年

◇1992-1-18—1992-2-21　邓小平南巡武昌、深圳、珠海、上海等地,发表了重要讲话。邓小平的南巡讲话对中国 90 年代的经济改革与社会进步起到了关键的推动作用,并开始了上海的大发展时期,同时也是静安区建设的目标确定的时期

◇1992—1994　土地大量批租

◇1995-4-10　地铁一号线建成通车、世界大银行抢滩上海、"申城巨变"成为上海出版热点

◇1995-11-25　上海市电话号码升至八位

◇1993-1997　静安区实现跨越式发展的时期,外资大量涌入上海,同时"两级政府,三级管理"的新体制给管理者带来机遇

◇1997-12　静安区政府确立未来五年的工作目标中提出"四个一":一路——静安南京西路;一桥——延安高架桥中段沿线;一河——苏州河沿岸各区域;一点——静安寺地区

1998 年

1998 年是静安寺城市设计全面、紧张启动的一年

◇1998-2-27　规划研讨会

◇1998-3-19　规划论证会

◇1998-5-15　规划动员大会

◇1998-10-8　专家研讨会

◇1998-10-28　环庙文化街建设研讨会

◇区长姜亚新在规划动员大会上对政府各部门领导发言说:"静安寺地区综合开发是区今后 5 年区域经济发展的重中之重,静安寺地区是静安南京西路的龙头,龙抬头,龙动身。集中力量改造开发静安寺地区……要在短短三五年内,把这一地区建设成繁华开放的都市商业中心。"区长要求各部门,要整体合力、各责任单位要识大体、顾大局,在建设过程中坚持高起点、创特色。

2002 年

◇2002-10-30　召开静安寺地区综合开发工作会议。主任发言:"随着 4507 地块签约,静安寺地区开发项目投资主体已全部完成,建设框架也全部定下来,这是 5 年来静

安寺地区综合开发的一个显著成效。"

2003 年

◇市政府"双增双减"文件发布

◇第二季度"非典"疫情的发生,使静安寺地区开发遇到困难

2004 年

◇新的《上海市城市规划条例》2003 年 11 月 13 公布(详见 http://wenku.baidu.com/view/c9ac29d6c1c708a1284a44ce.html)

◇2004-8-1 《上海市城市规划管理技术规定》颁布,内容涉及日照分析与容积率等技术规定

◇上海市城市规划管理局沪规法〔2004〕302 号"关于印发《日照分析规划管理暂行办法》的通知"、沪规法〔2004〕303 号"关于《上海市城市规划管理技术规定》"发布

◇《容积率计算暂行规定》出台

◇按照"双增双减"原则,区规划局开展中心城历史遗留项目规划梳理工作

◇2004 年 9 月 29 日,沪加强保护历史文化风貌区和优秀历史建筑,《上海市人民政府关于

进一步加强本市历史文化风貌区和优秀历史建筑保护的通知》(沪府发〔2004〕31号),扩大保护范围,加强保护力度。会德丰、越洋、航站楼配套工程等 6 个重要项目,在前期工作中都遇到前所未有的困难,出现地铁 2 号线保护问题、地下空间开发与在建项目结合的问题、优秀近代建筑保护问题、新旧规划法规调整问题……会德丰广场为了妥善处理地铁 2 号线保护问题,在无现成技术资料和工程先例情况下,积极配合地铁部门,经沪港两方专家研究后,认真进行试桩,打下直径 1 米深达 106 米的搅拌桩和 7 根数据测试桩,获得隔离保护数据,为完善地铁 2 号线保护措施提供科学依据。

2005 年

◇世纪时空酒店落成、金航大厦启用、静安中华大厦启用

2006 年

◇明园大厦竣工

2007 年

◇双高战略,打造国际静安

◇《双高指标体系》划分为三个相互联系的子系统

◇(1) 高品位商业商务

◇(2) 高品质生活居住

◇(3) 经济社会和资源的协调发展

◇静安寺 1760 年庆典

◇2007-5-9 区重大办、动迁办成立

2008 年

✧改革开放 30 年活动

2009 年

✧改革开放 30 年活动

2009 年

✧"迎世博 600 天行动"

✧"应对金融危机"

✧"一街五区"

✧开展静安寺广场更名征集活动。通过《静安时报》《东方早报》等媒体公开征集——结果:维持广场原名不作更改

✧常德路(武定路——南京西路段)拓宽

✧静安寺人行地道整治一新并安装花架式护栏

附录 D　城市设计前后静安区规划局负责人一览表

（1997 年 4 月，原规划局撤销，成立城市规划管理局，延续至今）

规划局：
1993.8—1997.4　陆康明（局长）

城市规划管理局：1997.4 建

1. 第一届
局长　陆康明（1997.4—2001.12）　5 年
副局长　胡俊（1997.4—2001.12）
　　　　汪林（女）（1997.12—2007.4）
　　　　徐蕙良　（2000 至今）

2. 第二届
局长　胡俊（2001.12—2003.1）　1 年
副局长　汪林（1997.12—2007.4）
　　　　徐蕙良　（2000 至今）
　　　　黄传德　（2001.12—2003.4）

3. 第三届
局长　喻亮（2003.1—2008.3）　5 年
副局长　汪林（1997.12—2007.4）
　　　　徐蕙良　（2000 至今）
　　　　乐理（女）　（2007.4—）

4. 第四届
局长　李震（2008.3 至今）
副局长　徐蕙良（2000 至今）
　　　　乐理（女）（2007.4—2009.9）
　　　　李本科（2009.9 至今）

附录 E "双增双减"与控规——上海市人民代表大会常务委员会关于修改《上海市城市规划条例》的决定（节选）

（2003 年 11 月 13 日上海市第十二届人民代表大会常务委员会第八次会议通过 2003 年 11 月 13 日上海市人民代表大会常务委员会公告第 31 号公布）

上海市第十二届人民代表大会常务委员会审议了市人民政府提出的《上海市城市规划条例修正案（草案）》，决定对《上海市城市规划条例》作如下修改：

一、删去第五条第三款。

二、增加一条，作为第六条："市和区、县人民政府应当每年向同级人民代表大会或者其常务委员会报告城市规划的制定、实施以及对城市规划实施的监督检查情况。"

三、第十四条改为第十五条，修改为："中心城规划和建设应当与人口疏解、功能提升、环境改善和景观优化相结合，增加公共绿地和公共空间，控制建筑容量和高层建筑①，改善城市交通，完善基础设施，增强城市综合功能。

"郊区规划和建设应当促进城乡协调发展，合理确定郊区城镇布局和规模，重点发展新城和中心镇，引导郊区工业向工业园区集中、人口向城镇集中、土地向规模经营集中。"

六、第十八条修改为："中心城分区规划由市规划局组织编制，报市人民政府审批"

"控制性编制单元规划，由市规划局制定"

"中心城控制性详细规划由区人民政府组织编制，报市规划局审批，但特定区域的规划除外"②

"浦东新区除世纪大道两侧的控制性详细规划和特定区域规划外，由浦东新区规划管理部门组织编制，报浦东新区人民政府审批，并报市规划局备案。"

七、增加一条，作为第十九条："市人民政府确定的特定区域的规划，由市规划局组织编制，报市人民政府审批。"

"市人民政府在审批特定区域规划前，应当听取市人民代表大会常务委员会的意见。市人民代表大会常务委员会可以根据市人民政府的提请，对特定区域的规划作出专门的决定或者制定地方性法规。"

---

① "双增双减"
② "两级政府，两级管理"

"对市人民代表大会常务委员会作出决定或者制定地方性法规的特定区域的调整，市人民政府应当报市人民代表大会常务委员会批准。"

九、增加一条，作为第二十一条："控制性编制单元规划根据本市中心城分区规划或者新城总体规划编制，是控制性详细规划编制的依据。控制性编制单元规划确定的土地使用性质、建筑总量、建筑密度和高度、公共绿地、地下空间利用、主要市政基础设施和公用设施等内容，作为编制控制性详细规划的强制性要求，未经市规划局同意不得调整。"

"控制性编制单元规划确定的城市设计内容，作为编制控制性详细规划的引导性要求"。

附录 F 公共空间使用情况调查问卷

F1 静安寺地区临时访客问卷

1. 您是第几次来静安寺地区了?

    A. 第 1 次　　　　　　　B. 第 2 次　　　　　　　C. 3 次及以上

2. 您来这里是做什么?

    A. 购物　　　　　　　　B. 逛公园　　　　　　　C. 静安寺拜佛

    D. 吃饭　　　　　　　　E. 少年宫活动　　　　　F. 办事

    G. 随便看看　　　　　　H. 其他_____

3. 您乘坐什么交通工具来的?

    A. 地铁　　　　　　　　B. 打的　　　　　　　　C. 开车

    D. 自行车　　　　　　　E. 步行　　　　　　　　F. 公交车

4. 您对静安寺地区的第一印象如何? 为什么?

    A. 很好　　　　　　　　B. 一般　　　　　　　　C. 不好

5. 什么地方给您印象最深刻?

    A. 久光城市广场　　　　B. 静安公园　　　　　　C. 静安寺广场(下沉广场)

    D. 静安寺　　　　　　　E. 会德丰广场 大楼　　　F. 其他(请补充)_____

6. 您认为静安寺的交通怎么样?

    1) 地铁交通　　　　A. 很方便　　　　B. 一般　　　　C. 不方便

    2) 公交巴士　　　　A. 很方便　　　　B. 一般　　　　C. 不方便

    3) 自行车　　　　　A. 很方便　　　　B. 一般　　　　C. 不方便

    4) 步行　　　　　　A. 很方便　　　　B. 一般　　　　C. 不方便

7. 您觉得静安寺地区与上海其他城市中心区(比如人民广场、中山公园等)相比,有什么特色吗?

8. 静安寺地区有给您高端商业商务区的印象吗？

A. 有   B. 没有

F2   静安寺地区居民问卷

1. 您在静安寺地区生活多久了（时间段）？

2. 您喜欢静安寺这个地区吗？

3. 您最喜欢这个地区的哪里？（商场？公园？下沉广场？书店等）为什么？

4. 您最不喜欢这个地区的哪个部分？（可以是一个建筑前公共区域，可以是某个建筑）为什么？

5. 作为老居民，请您回忆下静安寺 1995 年至今的变化？

6. 您认为静安寺的交通怎么样？

  1) 地铁   A. 很方便   B. 一般   C. 不方便

  2) 公交巴士   A. 很方便   B. 一般   C. 不方便

  3) 自行车   A. 很方便   B. 一般   C. 不方便

  4) 步行   A. 很方便   B. 一般   C. 不方便

7. 您希望静安寺地区的城市建设应该在哪些方面得到改进？

  A. 改善人行交通   B. 增加公共绿地   C. 其他（请补充）_____

8. 您认为什么东西最能代表静安区？

  A. 静安寺   B. 静安寺广场（下沉广场）

  C. 少年宫   D. 其他_____

F3   静安寺地区工作者问卷

1. 您在这里工作多久了？

2. 您喜欢这边的整体城市环境吗?

    A. 很喜欢   B. 一般,没感觉   C. 不喜欢

3. 您最喜欢这个地区的哪个空间?

    A. 商场   B. 静安公园   C. 静安寺广场(下沉广场)

    D. 步行街(庙弄)   E. 静安寺   F. 其他(请补充)＿＿＿＿＿

4. 中午或下班后的休息时间您喜欢在哪里停留?

    A. 逛商场   B. 逛公园   C. 静安寺广场(下沉广场)

    D. 步行街(庙弄)   E. 常德公寓下的书店   F. 附近的餐饮店

    G. 其他(请补充)＿＿＿＿＿

5. 您认为静安寺的交通怎么样?

    1) 地铁交通   A. 很方便   B. 一般   C. 不方便

    2) 公交巴士   A. 很方便   B. 一般   C. 不方便

    3) 自行车   A. 很方便   B. 一般   C. 不方便

    4) 步行   A. 很方便   B. 一般   C. 不方便

6. 静安寺地区已经成为上海高级商务办公区之一,您认为地区名气对您所在公司的企业形象有好的影响吗?

    A. 有   B. 没感觉   C. 没有

7. 您希望静安寺地区的城市建设应该在哪些方面得到改进?

    A. 改善人行交通   B. 增加公共绿地

    C. 增加停车场   D. 其他(请补充)＿＿＿＿＿

F4 补充调研问卷

1. 您认为本地区的建筑密度如何?

    A. 过大   B. 适中   C. 小

2. 您认为本地区商业、办公、餐饮、娱乐等功能配置合理吗?

    A. 合理   B. 餐饮不够   C. 办公过多

    D. 商业不够   E. 绿地不够

3. 对公共空间绿化与休憩设施质量评价

    A. 很好   B. 一般   C. 不好

4. 对公共空间的公共活动评价

    A. 内容丰富,活动频率高   B. 还行

    C. 公共活动单一

5. 对静安公园静安八景收费设施的评价

　　A. 应当更改为开放式公共空间,增加本地区绿地面积

　　B. 无所谓

　　C. 应当收费,收费能保证环境质量和品质

6. 静安寺地区是否保持了原来的历史文脉?

　　A. 保持了原来的文脉,有亲切感和归属感　　　B. 一般,还行

　　C. 没有保持,变化太大

7. 静安寺地区对历史建筑的保护程度是否令人满意

　　A. 满意,保护了很多老建筑　　　　　　　　B. 还行

　　C. 拆除太多,不满意

附录 G 访谈记录

G1 对静安区规划局徐蕙良副局长的访谈记录

访谈时间：2011/6/23 09：00—11：15
访谈地点：静安区规划局局长办公室

笔者：请问 1995 年做城市设计的原因是什么？

徐：关于地铁 2 号线的建设，市规划局和区规划局在管理上意见比较难融合，或者说各个部门比如地铁部门、绿化景观部门、建设部门等很难协同工作，于是市局和区局共同决定做一个城市设计来控制地区发展。

笔者：请您回顾一下这个城市设计有哪几个没有实现的地方？

徐：华山路下沉没有实现。当时卢老师的设计中华山路下沉是一个亮点，想法非常好。首先，下沉对城市交通的组织有益；其次，下沉之后，围绕着寺庙的公共空间是一个完整的市民空间，能聚集人气。

笔者：为什么没有实施华山路下沉呢？

徐：华山路下沉，导致乌鲁木齐北路必须加宽以承载地区的车流。当时乌鲁木齐北路愚谷村的居民都激烈反对，因为拓宽道路必然削去愚谷村的一部分，而愚谷村是优秀历史保护建筑，民众的反抗无法平息。但现在常德路拓宽，是按照卢老师当年的设计做了的。另一个重要原因是当年区领导都非常认可卢老师的建议，于是专门请了专家做了可行性研究。

卢老师也做了很详细的设计，通过计算结构高度和空间高度，他认为是可以下穿的，但是建筑和规划的计算是没有预计到华山路下埋着巨大市政管线的，这些管线使得留给道路下穿的高度非常小，根本做不出来。华山路段比较短，卢老师计算的下穿长度，使得下穿道路的坡度不符合要求，并且出到地面的口子直接在十字路口，这个交通也是不合理的。当时还想过将下穿延伸到华山路南段，穿过现延安高架的线路再到达地面……

笔者：请您谈一下地下空间利用的问题。

徐：当时卢老师的设计里，静安寺公园下面设置了几层的大型停车库。当时我认为这个设计想法是很好的，但却没有实施。由于政策原因，环境绿化部门不同意在公园绿地下做大型地下空间,觉得不利于植物的生长,根系的发展以及汲取水分的需要。到2005、2006年的时候市规划局开始认识到这种做法是可行的,于是又准备把这个地下停车空间做出来,但是觉得地下空间的开发投资量过大,资金不足,搁置。直到现在我们还一直怀着这个心思,准备找时机把它做出来。这个设计其实是很巧妙的,在城市用地不足停车空间缺乏的情况下,利用公园的地下空间设置公共停车场的做法是很有必要的。我们希望利用2号线与其他两条地铁线的换乘把这个想法实施下去。

笔者:请您谈一下静安寺交通枢纽工程的事情。

徐:卢老师当初根据静安寺地区有十几条公交路线的终点站这个现状,提出应该设置一个公交换乘站。将所有的公交终点站集中到一起。这个在当时是一个创新想法。这么多的公交路线都在地面道路上停留,占用道路空间。对地区的交通通畅性是不好的。但是做地面换乘中心,当时是没有地的,所有的地都已经批掉了,另外政府也没有资金来做这个事,因此也就搁置了。

2003年,市规划局的总工程师沈总提出,静安寺地区一定要有交通换乘枢纽。

但是展开地区平面图,没有地。

不是没有地,是只有一小块用地。就是静安区15号街坊地块,这是唯一一个还在政府手里的用地了。其实也不是一个空地,这是当时政府审批来做人防工程的用地。通过我们的努力,征询上级意见后,将人防和交通枢纽结合起来做,但是经过计算,发现做不出来,用地不够。不管够不够,先落实下来再说,即先"落地"。于是这块地就确定为公交枢纽的用地了。接下来的问题,接下来解决。我们只好把眼光投向了15号街坊地块旁边已经批给天顺的愚园路68号地块。怎么办呢?想办法。我们跟天顺协商,希望他们把地下一层用来做交通枢纽。天顺当然不同意啊,他们想我好好地拿了一块地,你突然要我拿出一层做交通枢纽,莫名其妙吧。于是我们继续和天顺协商。当时上海市实行"双增双减"政策,于是静安区规划局提出两个条件:一、如果天顺同意将地下一层提供给交通枢纽工程,政府答应在容积率上作出一定让步。二、当时愚园路68号地块的拆迁工作遇到问题,一部分已经拆迁,但是还有一部分拆迁难以进行。政府提出如果天顺答应为城市提供交通枢纽空间,政府会协助解决拆迁困难问题。

当时正好有个香港开发商过来,他在香港开发的地块地下就有交通换乘枢纽,他认为这种模式为他的商业提供了大量人流,有利于经营效益。于是天顺集团专门组织了一次去香港考察的活动,考察期间天顺的决策者认识到这是一个双赢的策略。回来便同意了政府的要求,天顺(上海天顺经济发展有限公司)同意这种为公众提供用地的结果是,地上一层为小汽车停车场,地下一层为公交换乘的场地。这样,地上一层和地下一层便全都无偿提供给了"公众"使用。

但是接下来又出现新的问题,动迁好了以后,政府的配套开发建设公司(上海市静安区土地管理中心)拿下了15号街坊地块。地下部分以及地上一层都是交通枢纽的用地,

2～7 层的部分,15 号街坊地块与愚园路 68 号地块分属不同的开发商,但是整个用地被当做综合用地来开发。

两家开发商同意联合开发,统一转让,联合经营。同一建筑主体,不同的管理方。这对一个开发项目来说,又是一个创新。建筑设计使用两套结构体系,可分可合。建筑建成之后再打通。但是防火体系是统一设置的。这种做法遭到了很多人的反对,具有很大的争议。但是区规划局坚持:建筑有形,土地无形,这是最好的处理办法。静安区需要一个公交换乘枢纽,但是用地不够。而无论是天顺还是静安区建筑工程公司,都没有足够的实力同时拥有这两块地。于是产生了现在这种经营模式。在几年的交涉中,两个开发商之间相处一直融洽,且达成了统一招商同时转让的协议。然而事情不止这么简单,这块地上还有另一个资产拥有者,那就是市交通部门。建筑的地上一层以及地下一层的产权都归市交通部门所有。

笔者:我们知道美国有很多的城市设计项目会由政府设立专门的实施委员会,在城市设计的各个方面进行协调和控制。这是一种成功的操作模式。据说静安区也为静安寺地区的城市设计成立了专门的管理单位,最开始叫做"静安寺工程配套局",这个部门的操作模式是怎样的? 有些什么职能? 在十几年的城市发展过程中起到怎样的作用?

徐:这个小组的全称是"静安寺地区开发办公室(指挥领导小组)",小组由当时的区长直接领导,目的是协调城市综合开发中各个部门之间的矛盾(包括市属部门和区属部门之间),顺利推进项目进程。当时政府没有资金来支付城市设计的设计费,也不确定做出来的城市设计会有用,便不愿意花这个钱去组织一个城市设计。于是这个办公室放在一个国有公司里面,这样操作的费用(动迁、划拨、土地转让)就由该公司承担。公司能在土地开发过程中获取一些经济利益,以支持城市设计的操作经费。这种开发模式其实在中国是有很多的。

这个部门在胡俊离开静安区之后就已经名存实亡了。而这个时候(2002 年后),其实静安寺地区的前期土地归属问题和方案问题已经解决了。剩下的单独审批就归到各部门内部处理了,已经没有什么矛盾。这个办公室现在归并到南京西路办公室了。

笔者:城市设计在多大程度上影响了城市发展? 在哪些方面实现了城市设计的价值(经济、政治、社会、环境等)?

徐:影响很大。

卢老师 1995 年城市设计做的城市形态是其后 2002 年南京西路规划的基础,并且确定了南京西路建筑制高点的分布。功能定位上的引导作用很强,对以后整个南京西路规划都有影响,并且南京西路的规划也是由于这样一个原因——我们知道静安寺城市设计其实不是政府投资的,而南京西路是由政府直接投资 200 多万请设计单位做的。为什么呢? 就是因为看到静安寺的城市设计做了之后对整个地区的发展起到很好的作用,静安寺地区当时是龙头,龙头活了,后面的开发才能跟进。而静安寺城市设计为这个地区的龙头的发展做了很好的规划和定位,实施下来感觉很不错。于是区政府开始计划进行下一步的城市设计。

笔者:关于上海市规划局与静安区规划局之间的利益关系(是怎样的)?

徐:2003年之前,几乎所有的建筑项目都是由市局审批的,但是2003年市局改变了两级政府的分工模式(见附录E)。因为市局发现每个单体都由市局审批有两个问题:

一是市局要负责全城所有建筑的审批工作,有一些完全是区局可以承担的,没有必要全部控制在市局手里。

二是有些建筑工程在开发后期会遇到激烈的政民矛盾,而区局对自己管辖的区域相对了解,能具体问题具体解决,这也能更好地配合工程的进展,也从一定程度上释放了市局的工作压力。

于是2003年上海市规划局发文确定了新的分工模式——主要调整的内容是:1.原先上海市所有重点建筑都由市局审批,现在,对上海整个城市形象影响重大的地区如苏州河沿线和黄浦江沿线建筑项目由市局审批,其他全部下放到各分管区局。2.原来风貌保护区全部由区级政府审批,2003年明确确定了各个风貌保护区的范围之后,风貌区的方案审批由市局审批,在方案审批通过后,施工图阶段的审批则委托给区局负责。

这样做是有道理的,毕竟区政府更多的是讲求本区的经济效益,地区发展,在开发时更有可能对历史保护建筑进行破坏,而市局控制方案审批,能使历史建筑尽可能少地受到经济利益的影响而受到更好的保护。到施工图阶段,已经不再有太多可能改变什么,交给区局处理也是合理的。对于现在的静安区来说,随着社会的进步,领导的觉悟也有所提高,更重视文化和精神层面的建设了,懂得历史建筑保护的重要性。另外一个重要点是:静安区的大开发已经结束,现在的税收已经足够支持政府的运转经费,甚至还有节余来发展文化事业。所以对于历史建筑的保护已经基本不存在问题了。1995年至2002年间,为了提高居住水平或者是经济开发,静安区拆除了大批的老建筑。个人认为,在经济不发达,温饱都不解决的情况下,一味喊口号保护历史是不现实的,只有在人满足了生理需求的情况下,才会有余力去发展文化艺术。所以在发展阶段拆除了一些现在看来应该保留的建筑,其实是一种不太可能避免的损失,也不该一味进行责备。

笔者:二层步行天桥为何得不到实施?在卢老师的城市设计导则控制中二层步行系统是专门列出的,说明是经过专家及管理者同意的文件,那么最后没有实现,是因为各个建筑之间连接产权模糊的问题以及先后建设交接困难的原因吗?

徐:一是由于在城市道路上架一个不行系统是不被当时的法律法规允许的;二是市政局不同意,原因有二,第一是对街道景观和城市形态有损害,第二是通过车辆的高度将会受到限制。三是开发商与开发商之间的态度达不到统一。有的商家接受连通,认为可以带来更大的人流量。而像越洋海德这样的高端商业就不希望有这样一个连接。这些奢侈品的商店不希望引入过多的换乘人流,对其购物环境造成破坏。像嘉里中心的几栋大楼之间就做了二层步行连接,那是基于几栋楼之间的商业品质相近,连接起来对大家是互惠互利的。

笔者:在静安寺地区城市设计实施的这 15 年的过程中,您有什么管理方面的总结呢?

徐:第一,城市设计和城市规划在设计之初就必须具有超前性。第二,实际操作总是要比预计的要难,使用的时间总是要长很多。静安寺城市设计预计 5～6 年全部建成。土地转让和方案审批都差不多完成了,但是最后实施到了现在,15 年过去了,还在进行中。第三,对于管理者来说,这就是我们政府管理部门领导者的问题。太多的当权者为了自己的政绩需要,喜欢推翻前一轮的规划重新来过,很少有人愿意为前任做"嫁衣裳",这是一种普遍现象。所以中国大部分官员喜欢"翻规划",所以大部分的规划都难以贯彻下去。政府领导人应该意识到一个城市的发展不是一代人完成的,它应该是由几代领导人共同努力完成的。自己干不完的事就不要强行完成,而应该一步一步地走下去,下一代继承前一代,最后我们能完成一个具备骄傲特质的城市发展。

静安寺城市设计至今 15 年,中间换过几轮领导。分管城市建设的领导中也出现过想翻新规划的,但是规划局一直在做工作,说服领导不更换规划,只是做小的调整,修补性的调整。

G2　对城市设计师张力老师的访谈记录

第一次访谈:

访谈时间:2011/6/23　03:00—14:30

访谈地点:国康路公寓张力老师工作室

(张力教授为 1995 年参与城市设计的两名研究生之一,整个设计团队为卢济威教授、张力、林缨三人)

笔者:请您回忆一下当时设计的情况?

张:那时我们没有专门的研究室,就租借图书馆的一个小工作室,与台湾的一个设计单位待在一起画图。整个项目只有我们两个研究生和卢济威教授三个人,设计进行得很紧凑。静安寺的建筑设计还是邀请当时同济大学路秉杰老先生参与做的。(由)路老师口述,我画到电脑里……文本的制作也是打出来后,用小纸条剪成一条条拼贴的,那时候还没有很好的电脑操作技术,效果图看起来是电脑画的,其实是电脑画了打印出来,然后用绘图笔添加细节得来的……

笔者:当年设计的最初形态构想是怎样的?

张:考虑延安高架看下去的视线效果,给人以足够的视线距离。所以让静安寺公园和静安寺这一大片形成低矮的片区,周围全是点状高层,人的视线穿过前方开阔的公园和广场,看到静安寺的飞檐,看到后面的和周围的高层,就是要达到这种效果。

笔者:静安寺寺庙的设计情况是怎样的?

张:当时静安寺的建筑设计,是卢老师和路秉杰老师两个人一起做的设计。路老师是中国古建的泰斗,他熟悉《营造法式》里的每一个细节。当初我们设计静安寺寺庙,路老师说:我们要唐宋式的,一定不要做成明清的。因此斗栱应该如何如何……就这样噼里啪啦地开始说了,包括所有的做法和尺寸,我们都听得晕乎乎的。你看静安寺的那些图纸,立面上的斗栱都是路老口述我拿 CAD 画的,有时候路老会画手稿,不过可惜,(现在)都遗失了。

你现在去量一下 CAD 里,那些斗栱的尺寸,都不是整数。为什么?因为路老都是用几尺几寸来跟我讲的,我画图的单位是寸。不信你去换算,绝对都是整数的"尺寸"。

笔者:那些立面的花纹,也都是自己画的吗?不是照着测绘的古建图纸描的?

张:当然不是。那全是路老在我旁边说,我一笔笔画的。

笔者:那花纹是他设计的?

张:他就是一本古建史的书!他脑子里装了多少古建的东西,你根本就无法想象。

第二次访谈:
访谈时间:2011/8/3　16:00—17:00
访谈地点:国康路公寓张力老师工作室

笔者:城市设计在多大程度上影响了城市发展?在哪些方面实现了城市设计的价值(经济、政治、社会、环境等)?

张:原来的静安寺并不是城市里一个突出的城市节点,现在它是了,这是最重要的价值提升。

笔者:在这个设计中您认为最成功的地方是哪些?

张:(1) 实现了城市设计的价值,静安寺地区成为了南京路上一个突出的节点,拥有它鲜明的特色——生态和文化的结合。有下沉广场、寺庙,高层建筑围绕着低矮的中心绿地以及寺庙,这种空间形式是城市其他节点少见的。

(2) 功能复合

典型的例子就是:在公园的下面做商业和停车库,这是一种土地的复合使用。

(3) 交通换乘是设计得很成功的,当然,那时候是不知道有后面的 7 号线、14 号线的。我们考虑了各种换乘,比如自行车的专用通道,地铁和地面步行的换乘,各种的交通我们都有做专门的考虑,这个交通还自成一章,最早的文本有显示。

(4) 公共空间

公共空间做了很多考虑和设计,我们不是随便想出这个方案的,我们做了很多的研究,出了很多方案,归纳下来就是三个方案,最后选择了"园包寺"这一个,在空间形态上我们是有概念的,并且是做了很多研究的,比如轴线的对应啊什么的。比如重点考虑延安高架上看下来,矗立的高层围绕着一片城市绿洲。

(5)景观系统

主要考虑各个主干道的快速通过景观。比如会德丰广场是一个地标。这个怎么确定的?为什么要在这里有一个地标,不是别的地方?这个选点是有考虑的,我们要求这个地标的可见性,因为它是地标嘛。一是由于整个静安寺地区的地块里,会德丰这个地块是南京西路和延安路高架相距最近(收缩)的一个地方,会德丰立在这里,南京西路和延安高架都能看到,双边它都是地标。二是,当时九龙仓已经拿下了静安寺地块,容积率也已经定了,我没记错的话,应该是12左右。这个高度最适合做南京西路的地标了。

笔者:15年之后回望这个设计,您认为当初的设计哪些方面是考虑不足的?应该如何设计会更好?

张:(1)最遗憾就是庙没有退后,现在这一块,南京西路的空间感觉并不是很开阔舒适,就是因为庙前空间太逼仄;久光前面就比较舒适,因为它有退后,形成了一个人心理放大的空间。如果庙退后了,那么这个节点的特色会更加明显,人的视野会更舒适。

(2)另外就是静安寺寺庙的设计,最后我们没有能说服方丈,这个设计的施工图最后不是我们做的,虽然是按照我们的方案做的。

笔者:结合静安寺城市设计实践,您认为城市设计中,设计控制的内容,哪些是约束性的、哪些是控制性的、哪些是自适应性的?

张:核心区控制较紧,其他地块放松。虽然经过这么多年,用地划分和建筑高度都有调整,但是整体形态还是做出来了的。归根到底,这个设计要实施,必须有一个执行者,他要对这个城市设计有很深的认识,并且能坚持做下来,关键是,他要有权力。"三分设计,七分操作"啊。

笔者:作为一个有很多实际经验的城市设计师,您认为,城市设计的价值究竟有多大呢?

张:我们当时对土地权属问题没有作太多考虑,太理想化了。最后城市航站楼地块被拿去做了,我们的设计就不在了。这样一来,整个设计的核心区就被改变了。

G3 对城市设计师卢济威教授的访谈记录

访谈时间:2011/6/15—2011/12/09(多次访谈)

访谈地点:国康路同济规划大厦508室

(卢济威教授为1995年城市设计的主导设计师)

笔者：关于静安寺寺庙建设中方丈大师的 5 米之争，我想请问下卢老师，当初区政府是站在什么立场上的，是支持静安寺后退红线 5 米以上的吗？

卢：静安寺寺庙原先的设计面积比较大，但是政府其实不想给那么多地（给）静安寺。静安寺的设计原先设计了一个围合的入口广场，以缓冲大量的人流，但是慧明住持坚持要按照城市规划的要求，建筑的墙体只退后城市道路红线 5 米，这样能扩大静安寺的用地。

慧明是中国佛教代表团的成员，在各个组织有一定的关系。我脾气不好，坚持退后 8 米，而静安寺住持也很倔，坚持只退后 5 米，大家僵持不下。于是慧明上诉到区政府、市政府，但是政府考虑到公共空间，也支持我的想法。慧明依靠中国佛教协会对政府施压，政府迫于压力而妥协。最后这个项目，是由华东院做的。华东院曾邀请我和路秉杰老师作为项目顾问，但是我们拒绝了。现在我后悔了，当初应该答应华东院的邀请，这样我们还能有可能把我们的想法落实下去……

笔者：1995 年至今，您认为这个城市设计有没有达到最初的目标？

卢：基本达到。

笔者：在这个设计中您认为最成功的地方是哪些？

卢：(1) 以文化、生态为核心这个理念好，并且坚持下来了。

(2) 静安寺广场做到了施工图。它控制住了周边框架。绿地、地铁站人流集散（联系了地上地下空间）这些问题解决好了，人的活动就协调好了。

(3) 形态控制住了，这个就是成功。地铁办动迁和投建花费了很多人力物力，照理是要做高楼的，不然经济利益很少。最后做了静安寺广场和静安公园一起成为整个片区的开放空间，这个开放空间带来了宏观经济效益和生态效益。

笔者：15 年之后回望这个设计，您认为当初的设计哪些方面是考虑不足的？应该如何设计会更好？

卢：(1) 当初不知道还有两条地铁在这里相交，这是后期规划修改的。由于没有预测到地铁的换乘，静安寺广场的桩基便没有预留建设换乘通道的条件。如要换乘只好从静安公园绕，做丁字形换乘通道，这样其实是不好的，路程过远。

(2) 庙的后退问题。

(3) 寺庙和久光附近的绿化不够。我希望庙的周围全是绿地（华山路下穿），政府做了可行性研究，由于整个城市交通系统的关系而无法实施。

笔者：结合静安寺城市设计实践，您认为城市设计中，设计控制的内容，哪些是约束性的、哪些是控制性的、哪些是自适应性的？

卢：主要控制总体形态，涉及整体理念的形态要控制住。

笔者：作为一个有很多实际经验的城市设计师，您认为，城市设计的价值究竟有多大呢？

卢：形态体系完整，静安寺地区城市设计的形态是不同于一般商业区和城市中心区的，它是核心是绿心和文化，辅以周边高层群，这是对静安寺地区原有资源的充分利用，打造属于静安寺的特色，有特色了，就有社会价值了。

笔者：您能回忆一下当初做这个设计时的情景吗？

卢：1995 年开始，张力和林缨与我一起，设计做了半年。

笔者：一个城市设计要得到很好的实施，哪些方面是重要的？

卢：需要管理部门理解这个城市设计；总建筑师制度也很重要，要设计人员一直参与和解决问题；要保持城市设计的延续性。

G4 对锦迪公司史立辉副总的访谈记录

访谈时间： 2011/6/29 15：00—16：15

访谈地点： 西康路 825 号 锦迪大楼 4 楼 402 室

（受访者简介：锦迪公司副总经理 史立辉

1995 年卢老师的静安寺城市设计开始到现在，他一直在地铁办锦迪公司参与开发

本科土木出身，后学习管理，曾给复旦大学 MBA 课程的学生讲课）

笔者：请对 1995 年做城市设计的历史进行介绍。

史：当时静安区地铁办在接到这个建设任务时就在思考，地铁 2 号线的建设，对静安寺地区的开发会带来什么？地铁 2 号线原来的线型规划，是从静安寺公园下穿越，而不是南京西路。

这样的地铁线路有两个不利因素：

第一，静安寺公园上面的 32 株古树会遭到破坏。

第二，对公园东西地块的开发会造成毁灭性影响。如现在的会德丰广场、越洋海德广场甚至是嘉里中心，全都不可能实现（地下室没有办法挖掘）。

我们希望说服市政府，修改 2 号线在静安区段的线路。（当时 2 号线在静安区有两个站点，一个是静安寺站，另一个是南京西路站。而静安寺这一带，从古至今就是静安区的核心部分）

区政府也希望地铁开发不要对地区发展带来不好的影响，于是我们决定邀请卢老师做城市设计，城市设计中地铁线路改为从南京西路下穿，当时的设计图纸，就是我们拿去和市政府协商的工具，我们强调如果地铁改到南京西路下方会有很多优势。市政府同意了，于是我们成立了静安区地铁指挥部办公室，也就是地铁办。

市里修地铁，是（由）地铁经过的途中各个区政府出钱。因此，各个区都有成立专门的地铁办来负责该区轨交 2 号线的实施、协调和推进事务。

笔者：静安区地铁办（锦迪公司）在静安寺城市开发中的位置和职权（是什么）？

史：首先要分清两个机构：地铁办和静开办。地铁办指的是静安区地铁指挥部办公室，静开办则指静安寺地区开发办公室。

1997年年底，成立了锦迪公司，形成了区重大工程与企业运作相结合的管理模式。这个就是两块牌子，一个机构。区政府委托我们全面负责地铁的开发任务，希望这种模式能够减轻政府的财政支出。

1998年，地铁2号线建成通车。区政府希望地铁办能改名为静开办，不仅负责地铁建设的协调和推进，而且负责整个静安寺地区的城市设计。但是地铁部门不愿意去对整个静安区的发展负责，于是推掉了。

当时市政配套公司（也是一个政府机构）积极建言，愿意承接这个任务。于是区政府成立了另一机构。这个机构是静开办＋配套公司（静开办的直接领导是区长）。此时出现了两个功能部分重叠的组合，另一个是地铁办＋锦迪公司（以后简称锦迪）。这两个机构的共同点是管理运作模式——重大工程建设与市场化运作相结合。

很显然，静开办由区政府领导，负责整个静安区的城市开发建设，地铁办只负责对地铁的建设进行管理和操作（这个机构从1997年延续至今，R2建成后，相继承担了M7的建设以及将来要实施的M12、M13、M14的静安区段的建设）。并且这种重大工程建设与市场化运作相结合的模式在M7的建设中得到了延续。

由于静开办负责的事务中有一部分是与地铁开发有关，在与市政府的协调过程中需要通过地铁办，因此需要地铁办的配合。因此地铁办的主任同时也担任静开办的副主任。1998—2000年间，锦迪完成了静安寺广场、静安公园、越洋（广场）、久光（百货）、航站楼、宏安瑞士酒店这几个地块的拆迁和土地转让，回收了资金。静安区的整个大发展时期是1999—2009年，静安交通枢纽和世纪静安都施工完毕后，整个静安寺地区的开发基本结束。另外，位于华山路下方的地铁14号线（曾经叫做M7）也将在两年后施工，整个上海的地铁全线施工将于2015年完成。R2动工前，1995年，为了协调建设中遇到的问题、顺利推进工程建设，线路经过的各个区（长宁区、静安区、黄浦区、浦东新区等）分别成立了地铁办，这是个临时的部门，地铁建成后即撤除。

但是静安寺地铁办运用了重大工程建设与市场化运作相结合的管理模式，使得静安区的地铁开发建设与其他区产生了明显差别。并且在完成R2建设后其他区的地铁办都撤除了，只有静安区的一直保留。这是一种类似于香港地铁开发的模式。香港的港铁公司是个上市公司，运作模式是地铁和周边地块统一开发、同步建设。这种运作模式能达到良性循环，保证资金来源，为什么我们现在说，全世界只有香港地铁是盈利的，就是因为港铁公司的这种运作模式，使得它在为城市建成了地铁线路的同时，通过对周边土地的统一规划设计，使得通达性以及卡发空间达到了最大，并且在土地转让过程中实现了盈利。地铁和房地产开发不是两个绝对独立的体系，相互联结才能达到效益最大化，同时为市民提供一个更便捷的地下空间。

R2 其他站点的建设都是政府利用财政支出来建设的,基本是亏本的。只有静安区的两个站点,政府是没有支出的,全部由锦迪公司来运作,为政府减轻了财政压力。M7的建设,锦迪公司同样使用了这样的开发模式,但是推进过程却比 R2 要艰难,并不是完全这样进行的。原因是,随着时代的发展,市政府也看到了香港模式的好处,但是这个模式却并没有在全市的建设过程中大面积推广,反而是受到了打压。静安区政府对锦迪公司的地铁开发提供了财政支持,比如贷款贴息等。静安区地铁办(锦迪公司)所作出的贡献在于:

1. 推进了静安区的开发格局,完成了地铁建设同时为静安寺地区的城市开发奠定了基础(静安寺广场、久光百货、越洋广场等);

2. 基本落实了卢老师城市设计的内容;

3. 为上海轨交建设探索了一个好的运作机制——重大工程建设与市场化运作相结合的模式。

笔者:(请谈谈您)对城市设计的评价?

史:城市设计确定后,进行了静安寺广场的设计招标。当时有很多的单位和大师参与投标,其中有邢同和①的方案。我记忆深刻,他做了很大的绿化广场,有很高的雕塑。把静安寺广场做成了一个规模巨大的具有强烈标志性的绿化广场。但是最后中标的是卢老师的设计。

卢老师设计的特色就是整合、高效。卢老师以整个地区的建设为出发点,确定了静安寺广场的项目定位(不是一味强调广场的重要性)。卢老师的设计考虑到了开发的效益以及与周边地区的关系。

现在看来我认为山体可以再高出一层的高度,这样从延安高架上看过来,效果也会不错,并且能增加广场的商业面积。静安寺广场是上海地区第一个建好的立体风景广场,具有典范作用。

首先,胡锦涛、习近平、黄菊等中央领导人都曾来过静安寺广场。因为静安寺周边地区处于上海的老城市中心,本来就是一个中心区域,这是它的区位优势。另外,静安寺广场的设计有特点,有公园、有地铁、有寺庙、有广场。其次,静安寺广场本身设计做得很好,建设质量也很好。静安寺车站被评为地铁金奖(设计、施工等都很好),静安寺广场获得了市政金奖。广场的材质、景观等设计都特别考究,投入很多。静安寺广场是上海三个著名的下沉文化广场之一(另外两个是南京东路的世纪广场和上海科技馆前的圆形下沉广场)。上海群众性文化活动常常在这几个地方举行。

静安寺广场在上海世博会期间承担了 50~60 次的世博主题活动,其中包括一些各

---

① 邢同和,上海现代建筑设计集团总建筑师。

国代表团主办的活动。静安寺广场在上海文化活动中占有重要地位。

　　笔者:请您谈谈华山路下沉的问题?

　　史:卢老师的第二个设计中,常德路下面做了地下停车场。这其实是很好的想法,但是最后没有实现,现在也不再有实现的可能了。

　　笔者:(关于)城市设计的实施?

　　史:有几点没有实现:1. 寺庙。庙两边的绿地没有建成,并且没有庙前广场,即使很小,也该有一点,现在完全压红线做,实在是……2. 久光百货整体向西挪动了,这个不好,影响了绿地,久光的地下只开发了一层,这个太可惜了。对于市中心这样一个大型综合体的地下,至少是3层的开发量。当时由于1999年的金融危机,没有钱建造。久光没有建成城市综合体——卢老师当时的设计,在没有城市航站楼的时候,是一个有机的整体。现在这几个建筑(航站楼、久光、宏安瑞士酒店)完全是相互隔绝的,对城市来说是不好的。

　　笔者:(请)总体评价城市设计。

　　史:1990年代这样的城市设计,非常好地指导了地区开发。很多项目的布局就是按照卢老师的设计做的,比如越洋海德和会德丰,基本的布局就没有变化。城市设计的空间格局,是基本按照城市设计实施的。

G5　对静安区规划局施煜的访谈记录

访谈时间:2011/7/1,16:00—17:15

访谈地点:静安区规划局建管科办公室

(受访者简介:静安区规划局建管科副科长　施煜

2003年进入规划局工作至今

同济大学城市规划专业硕士,师从孙施文老师)

　　笔者:愚园路128号、愚园路258号计划拆除重建吗?

　　施:愚园路128号现在还没有建设计划,即使要做建设也只是小的改造;愚园路258号已经改好了,就是把旧建筑重新整顿了一下,现在有很多餐厅。

　　笔者:越洋海德广场(有两次方案设计)

　　施:设计是甲方请人做的,我们是2003年之后才开始审批越洋的,那时候市规划局将权力下放,之前的方案我们也不知道,从我们开始接手,就是现在这个方案了,没有变过。

　　笔者:会德丰广场(住宅和办公的转换)

　　施:开发商是九龙仓,这个开发商在我们南京西路上还有另一块地。"双增双减"实施后,政策是这样的,一个开发商,通过规划局认证,可以在这个地块建的容积率较大,但是另一个地块就要降低得更多,以达到一个综合平衡。

会德丰的这个住宅办公转换是开发商自己提出的,原因有二:

1. 2003、2004 年的时候,经过开发商的市场调研,认为住宅市场已经达到饱和,想把住宅的功能改成办公。

2. 区里面也同意这种做法,静安区的人口数量,按照已建住宅的面积,已经很大了,如果再建住宅,就等于引进人口,这对整个静安区的人口密度是不利的。

但是在住宅向办公转换的过程中,因为"双增双减"已经提出,所以我们规定,原来的住宅建筑改成办公,容积率不能修改。即如果原来这个住宅的容积率是 3,按照现行规定,办公可以做到 4,但是住宅改办公,这个容积率也不允许再改变了,还是 3。

笔者:能讲讲城市航站楼建设的始末吗?什么时间提出建设航站楼,什么时间建成?占用久光用地这个问题怎么协调的,市政府和区政府之间有没有矛盾?

施:因为交通建筑对区政府税收没有贡献,因此各区不会争相建设。专家考虑将交通枢纽建在本区,我们便开始做了。这个里头有些事情在我来规划局之前就发生的,我不太清楚。

笔者:说说久百城市广场吧,开发商的转变对最后公共绿地提供的多少和建筑形态的影响。

施:我认为最后没有实施是因为城市设计里没有明确的空间界定和控制条件,比如久百内广场就没有严格控制边界。一个规划要得到实施有两种情况:

1. 具有法律效益,比如修规;

2. 没有法律效益,但是实施方配合。

实施方配合的前提是,这个城市设计的设计者和这个项目的开发主导(实施者)的目标一致,才会有动力去完成。

卢老师的城市设计之所以能做成,主要是它的主体框架一气呵成,各项指标和用地都已经全部确定,并且迅速建好。公园、广场、地铁都一起建成,整个框架就已经完成了,不会再有大的改动。其实也是因为这个设计处于 1999—2009 静安寺地区大发展时期。

笔者:静安寺寺庙(慧明主持与政府之间的协调,8000 平方米用地以及山门退后红线的问题)以及庙东步行街最后按照什么设计实施的?

施:慧明方丈是个很有想法并且很坚持的人。2008 年年底,建寺庙的宝塔,我们就与方丈进行过多次协商。他一定要造得高一些,我们认为这个不符合城市的基本格局,于是请了路秉杰老师给我们做视线分析。考虑与周边建筑关系,路老师提议宝塔建在 48～60 米之间。这个高度是规划部门可以控制的,慧明最后做的还是可以的。但是这个塔的形式我们就没办法控制了,我们只能引导和提出建议,作为一个专业人士建议他建成什么样子。关于这个塔做成什么样,他有明确的看法。慧明说他在北京第一次看到那个塔时就感到很震惊、很神圣,他就想,总有一天他要在上海建一个同样的塔。这是某种佛教的信仰的问题,我们俗世中人不好评说也无法理解。于是他就在楼阁式木塔的上面放了五塔,这种形式我们开了好几次专家论证会,大部分专家不能接受,但是也有部分专家认为我们可以创新。所以其实对于建筑形态我们无法控制,我们只能控制退红线、建筑高度这些因素。

笔者:4507地块——世纪静安(开始批地时6.0容积率,到后来的"双增双减")是怎么补偿损失的?

施:建筑施工图是华东院完成的。关于"双增双减"市政府有统一表格来处理各种原先已经批租土地的容积率问题,规划局以此跟开发商协商得出最后的容积率。4507地块原来是7.3,现在是6.7(没有补偿措施)。(假如这块地1万平方米,按照53元/m²的标准,$7.3-6.7=0.6,0.6×53×10\ 000=31.8$万)"双增双减"实行,整个静安区的容积率减掉了18%。

笔者:(请您谈谈)静安寺广场的改造(迎接2010年世博会)。

施:我们在2009年做了静安寺地区城市设计的国际方案征集,也就是后来的静安寺综合改造工程。

我们请了5家国际设计单位来做静安寺的新一轮城市设计,后来确立了3家继续深化。

我们没有请卢老师参加方案设计,主要是考虑到卢老师对这个设计倾注了大量的热情,现在让他来推翻自己的设计有点难度。但是3家单位的设计成果领导都不满意,如日建、C3等,而且研究来研究去觉得没有什么好改的,原来的设计蛮好的。三家中有两家没什么大的改动,只有一家调整较大。最后是由万生设计来做的,将方案整合了一下。其实只是修改了静安寺广场的一些小东西,没做大的改动。没有做多大改动有两个原因:

1. 时间紧迫,世博在即,来不及做大的调整。

2. 前期研究做完,结果是原来的框架挺好的,(就)不要动了。

G6 对静安交通枢纽建筑师高昌达的访谈记录

访谈时间:2011/8/17 中午11:00—12:30

访谈地点:上海市华东院轨交部

(受访者简介:华东院轨交部高级建筑师,静安寺交通枢纽责任建筑师)

笔者:请回忆下做这个项目的过程?

高:我们是2007年开始接手这个项目的,规划报批方案做了一年多。这个地块很特别,是我们做过的第一个由两个地块两家公司共同开发的案例,也是第一个公交枢纽附建式的大楼。当时的两个开发商,一个是上海天顺经济发展有限公司,一个是静安区配套公司(上海通安房地产开发有限公司)。在开始做的时候,两家开发商关于公交枢纽应该建在谁的地产上意见不统一。不过最后确定做在天顺的地块,是通过综合考虑交通通畅性等因素决定的。

建在天顺的地块,政府给它的补偿有两个,一个是增加容积率,另一个是协助动迁。最开始动迁是很难进行的,因为作为商业开发的动迁,跟居民的矛盾比较难协调,后来政府出面,以建城市交通枢纽的名义进行动迁,才成功开工。

当然,最后有一栋公寓还是没有成功动迁,就是麦克公寓。这个并不是什么优秀历史建筑,也就是 1990 年代左右的新居民区而已。但是这里有一些政府所谓的"刁民"不愿意搬走。所以现在保留下来,我们的建筑形式在平面上凹进去,也是因为这个原因。

笔者:建筑的特点是什么?

高:这个建筑还有一个特点就是高层商业,建筑 100 米,塔楼部分也是餐饮娱乐,就像东京银座的模式。不过在之前,只打算做 60 多米的多层建筑。后来香港方面想要把楼建高,利用充分。整个建筑的前期,是华东院做的,2009 年,英国 Benoy(贝诺)建筑设计事务所参与设计,做了造型,最后确定方案。

建筑形式是根据日照确定的,比如层层退台的裙房,是因为北面有赵家桥小区的原因;另外还有高度限制、消防控制等都限制了建筑形式。塔楼的位置也是由于各种规划条件的限制而定在那个位置的。

为了获得更多的商业面,公交枢纽的位置放在了西北角。本来的交通枢纽是在常德路的路边上,也就是地块的东南角的,但是最后跳到西北角,不过也是为了连接 2 号线的通道更方便,因为地下都已经做满了,没有地方可以通到 2 号线了,现在的位置也是从夹缝中挤出来的。

同时在地下通道的施工中,我们采取了全新的技术。保证地下的施工不影响愚园路的交通,也就是我们在下面施工,地上的道路不受任何影响,等到通道建成,人们才发现地下已经打了一个洞。

建筑挖基坑之后,赵家桥小区的建筑出现地面开裂的现象,于是居民围攻施工组,甲方、设计单位和居民召开讨论会,最后由设计公司协调,帮助处理地面问题,并且甲方出资做赵家桥小区建筑的外立面装修,包括给每户居民统一安装新的空调。整齐建筑的外立面,改善了小区的环境。

麦克公寓外加可动竖向、横向碳纤维、铝合金、热反射百叶,使麦克公寓与本项目风格、形式、色彩互相呼应、统一,隔绝光线对麦克公寓的影响。建设项目在对麦克公寓可能产生光污染区域内部采用非反射材料作为维护结构材料。

基地形状基本呈长方形,东西方向长约 150 米,南北长约 130 米。基地面积为 20235

平方米。基地以中部用地分界线为界分为东西两块。西侧地块(A 地块)属上海天顺经济发展有限公司,东侧地块(B 地块)属上海市静安区土地管理中心,两地块联合开发,统一设计,同步施工。

G7　对静安寺建筑设计师崔中方的访谈记录

访谈时间:2011/8/15　中午 11:00—12:00

访谈地点:华东院三所会议室

(受访者简介:华东院三所总师,静安寺项目 10 年一直由崔总负责)

笔者:请回忆下做这个项目的过程?

崔:我们是 1998 年开始接手这个项目的,当时是秉杰老师不做了,我们接下来做的。我记得规划就做了两年。1998—2000 年,最后才通过。因为当时市政府政策比较紧。当时由于处在"法轮功"事件风头上,宗教建筑的关口卡得比较严。怎么叫严呢? 就是设计的各种限制因素多,没有很大的自由。这些年逐渐放宽了,只要过得去都批了。这么个小小的地方,80 多米宽 100 多米长,做了十几年。(我们)至今还和方丈保持着比较好的关系。中间改了很多次,比如大雄宝殿后面的法堂,我们施工图都出好了,方丈因为觉得面积小了要改,最后就加高了。还有大雄宝殿背后的台阶,方丈说不要下去的台阶,风水不好,感觉是走下坡路。建筑师觉得,前面有个台阶上去,本来流线是完整的,不要后面的台阶可以,但是我必须保持流线还是走得通的,于是形成了二层的连廊。

笔者:当时静安区是计划让静安寺改建工程在 3 年内完工的,这个建筑为什么要做这么多年呢?

崔:因为方丈说了,他要保证庙里香火不断,不能整体拆除重建,而是一栋栋地盖,不影响寺庙的使用。

静安区政府就是想要看到静安寺这个点睛之笔,寺庙建筑,能早一点建成,人可以看到可见的效果,而不是一直什么都没有改。所以区政府是希望早点建完的,其他的都好说。

阿育王柱的位置,我们给过 3 个建议,但是最后没有建在我认为最合适的地方。我个人认为,这个阿育王柱该是一个有场地效应的东西,它具有凝聚性,可以辐射周边的城市空间。但是因为最好的位置——步行街的端头,不是静安寺寺庙的地块,那个位置的地下,是久光百货的,久光不同意,那么只好造在了现在的位置,其实这个柱子的作用是大打折扣的,而且和寺庙贴得有点紧。

笔者:静安寺宝塔是谁设计的?

崔:那个塔就不是我们造的了。我同意他造一个塔在那里,但是,我不同意塔造成那个样子。这个塔,下面是楼阁式,上面是基座,这个明显是反着的。或许旁的人看到,觉得金光闪闪,很特别,蛮好的。但是我们建筑师有自己的职业准则,我们没有办法接受这个。所以我委婉地表达了我不能做这个塔的意思,方丈最后找别的公司帮他做的。静安寺的工程,现在还没完全结束,法堂的外贴面还没完成,大概要到年底竣工。

静安寺的外围商业,据我所知,现在的产权不在静安寺寺庙手里,政府和寺庙协议,要求建成商业,因为这个地方以前就是商业,16 年后产权归静安寺所有,现在由规划局管理。每个建筑师都有他的底线,在这个底线之内的,我们可以在协商不成的情况下适当妥协,但是达到了我的底线,我就不能做了。比如路老师的底线,他不接受方丈对他的设计改动,他就不做了。我不能接受这个塔的造型,我就不做了。

建筑师要考虑城市,要考虑建筑的基本职业操守,但是面对甲方,你需要的是不断地调整,使做出来的东西尽量不要偏离自己原本的意思,这需要能力。

笔者:请问您了解 1999 年城市航站楼的建设情况吗?

崔:城市航站楼和久光百货都是华东院做的,这个我了解一点。城市航站楼原先的位置不在这里,后来通过论证调整到这个地区的,以前也在 2 号线上。我还参与了位置论证,地址是市里面选的,但是其实区规划局是希望航站楼落在静安区的地盘的,因为这样可以给静安寺地区带来人流。

后　记

　　这本书是对我硕士论文的整体呈现。从开始研究到校审修改结束，三年有余。感谢赵逵老师和杨凡编辑，在他们真诚无私的帮助下，本书才得以面世。

　　研究生入学时导师王一老师组织我们进行每月一次的读书交流会，让大家把近期所读书籍中感兴趣的点提出来讨论，继而引导我们围绕这些知识点进行拓展阅读。经过一个学期的理论阅读与交流学习，我对城市设计如何实施的问题产生了浓厚的兴趣。城市设计真的有用吗？实际操作过程中规划管理者运用什么方法来实现城市设计对地区城市建设的控制？我希望能解答内心的疑问。

　　此时卢济威教授提出欲对静安寺地区城市设计作阶段性总结评价的设想，在王老师的推荐下，我有幸参与了此研究，开始了对"城市设计到底是如何操作的"这一问题的探索之路，正是对问题答案的渴求支持我两年来始终充满热情地收集各方面资料，频繁的现场调研，广泛阅读城市、社会、经济等相关书籍，一步步地接近问题的核心。然而随着资料的增加，想了解的问题也逐渐增多，我深切感受到这个论题意义之深远、内容之丰富，感到个人知识积累的局限。

　　我将本书写作视为一次学术素养提高和知识积累的过程，希望我所作的资料搜集、梳理和分析研究，能为城市设计师和规划管理者提供事实参考，并作为后期深入研究的基础。

　　在此，我要特别感谢导师王一老师对论题的引导、对研究方法的悉心指导以及对文章数十次的讨论、调整建议和持续鼓励；感谢卢济威教授给我一个解答疑问的机会并在此后的调研、本书写作和修改过程中提供难以计数的帮助；感谢张力老师对论文的细心评阅及提出的宝贵修改意见。

　　写作持续两年，也得到诸多师长和同学的指点和帮助。感谢华中科技大学彭雷老师和赵逵老师在立论阶段给我的建议和鼓励；感谢论文调研中静安区规划局徐蕙良副局长、施煜、锦迪公司史立辉副总、建筑师崔中方、高昌达以及静安区地方志办公室顾老师的真诚相助；感谢帮助校核的刘博学长及王建邦同学；感谢对本书给予批评指正的所有师长和学友，在你们的帮助下本书得以完善。

　　另外，借此书感谢一直默默支持我的家人。

　　最后，由于本书在知识广度和深度上还存在许多不足之处，恳请各位老师和同学批评指正。

黄芳
2012 年 3 月于同济